储能材料技术专业
职业技能综合实训

主　编　江名喜　席　莉

副主编　吕连灏　谢圣中　王梦蕾　罗　燕

参　编　易文洁　王红亮　梁　方

中南大学出版社
www.csupress.com.cn

·长沙·

图书在版编目(CIP)数据

储能材料技术专业职业技能综合实训／江名喜，席莉
主编. —长沙：中南大学出版社，2023.7(2024.1重印)

ISBN 978-7-5487-5439-8

Ⅰ.①储… Ⅱ.①江… ②席… Ⅲ.①储能－功能材料
－高等职业教育－习题集 Ⅳ.①TB34-44

中国国家版本馆 CIP 数据核字(2023)第 122604 号

储能材料技术专业职业技能综合实训
CHUNENG CAILIAO JISHU ZHUANYE ZHIYE JINENG ZONGHE SHIXUN

江名喜　席莉　主编

□出 版 人	林绵优	
□责任编辑	史海燕	
□责任印制	李月腾	
□出版发行	中南大学出版社	
	社址：长沙市麓山南路	邮编：410083
	发行科电话：0731-88876770	传真：0731-88710482
□印　　装	长沙鸿和印务有限公司	

□开　　本	787 mm×1092 mm 1/16　□印张 7.5　□字数 181 千字
□版　　次	2023 年 7 月第 1 版　□印次 2024 年 1 月第 2 次印刷
□书　　号	ISBN 978-7-5487-5439-8
□定　　价	26.00 元

前 言

　　储能材料技术作为智能电网、新能源发电、新能源汽车和"互联网+"智慧能源等朝阳产业的重要组成部分和关键支撑技术，已成为我国实施绿色发展战略、构建清洁低碳和安全高效能源体系的重要保障。从 2014 年开始，随着国家对汽车碳排放的严控，新能源汽车产业取得了井喷式发展。作为新能源汽车三大部件之一的动力锂离子电池产业成为重要新兴产业，随着锂电池产业的高速发展，储能材料技术专业技术技能型人才需求激增。

　　为满足锂电池产业发展对人才的需求，保障储能材料技术专业人才培养的质量，本书按照湖南省教育厅《关于加强高职高专院校学生专业技能考核工作的指导意见》要求，以储能材料与电池制造行业核心岗位群的职业活动为导向，突出技能考核，建立高职院校储能材料技术专业学生实践技能和职业素养考核的评价体系与技能考核标准。

　　本书主要包括专业技能考核标准和技能考核题库两部分。专业技能考核标准部分主要介绍专业名称及适用对象、考核目标、考核内容、评价标准和组考方式等；专业技能考核题库部分主要包括基础技能、核心技能和拓展技能三大模块，涵盖正极材料前驱体生产、储能材料制备、储能电池制备、储能材料与电池分析检测等工艺认知和现场操作的共 60 道技能考核试题。

　　本书有助于提升读者在储能材料与电池制造设备的生产操作、工艺技术管理、质量检验检测、设备维护与保养等方面的技术技能，适用于高职院校储能材料技术相关专业的综合实训课程教学，也可用于相关企业岗位职业培训。

　　湖南有色金属职业技术学院是最早开设储能材料技术专业的高职院校之一，本书主要由湖南有色金属职业技术学院储能教学团队成员编写。在编写过程中，得到了浙江华友钴业有限公司、湖南邦普循环科技有限公司、宁德时代新能源科技有限公司、湖南中伟新材料科技有限公司等校企合作企业的大力支持，企业专家和同行提出了宝贵建议和意见，在此表示衷心感谢！

由于能力水平有限，书中难免存在不足之处，敬请读者批评指正。

编著者

2023 年 6 月

目 录

第一部分

储能材料技术专业技能考核标准

一、专业名称及适用对象

1. 专业名称

储能材料技术（专业代码：430504）。

2. 适用对象

高职全日制在籍毕业班年级学生。

二、考核目标

按照湖南省教育厅《关于加强高职高专院校学生专业技能考核工作的指导意见》，以储能材料与电池制造行业核心岗位群的职业活动为导向，突出技能考核，建立储能材料技术专业的学生专业技能和职业素养考核的校内评价体系与技能考核标准。

1. 学生考核目标

依据本标准对储能材料技术专业学生专业技能进行量化考核评价，及时了解学生专业技能是否达到储能材料技术专业技术岗位需求，掌握学生学习能力差异和教学效果，制订适合学生个性化发展的学习计划；便于教师对教学方式方法进行反思，改进利于学生技术技能培养、提升职业素养的教学方法。

2. 课程考核目标

本书通过设置专业基本技能模块、专业核心技能模块和专业拓展技能模块考核学生对常规储能材料与电池制造设备的生产操作、工艺技术管理、质量检验检测、设备维护与保养等方面的技术技能，同时考查学生的职业行为、细节意识、安全意识、6S 规范性等职业素养，促进课程内涵建设，完善课程标准，提升团队教学水平，推动专业课程项目化、实践化改革。

3.专业考核目标

引导学校加强专业教学条件建设，完善实践教学体系，加强实践教学管理，深化工学结合教学模式改革；推进企业新技术、新工艺、新标准融入专业教学，提高专业教学质量和专业办学水平；培养适应现代储能材料与电池制造行业发展需要的高素质技术技能型人才，促进产教融合，推行"1+X"证书制度。

三、考核内容

本专业技能考核内容针对储能材料与电池制造行业的储能正极材料典型产品的生产任务和锂离子电池职业岗位典型工作任务，设置了专业基本技能模块、专业核心技能模块和专业拓展技能模块。其中，专业基本技能模块包含项目1镍钴锰酸锂正极前驱体生产工艺认知、项目2储能材料制备工艺认知、项目3储能电池制备工艺认知、项目4储能材料与电池分析检测工艺认知4个项目；专业核心技能模块包含项目5正极前驱体制备现场操作、项目6储能材料制备现场操作、项目7储能电池制备现场操作、项目8储能材料与电池分析检测现场操作4个项目，专业拓展技能模块包含项目9储能电池测试数据处理1个项目，上述9个项目覆盖了37个技能点。

(一)专业基本技能模块

项目1 镍钴锰酸锂正极前驱体生产工艺认知

本项目包含镍钴锰酸锂正极前驱体的生产原料认知和镍钴锰酸锂前驱体生产工艺及设备认知2个技能点，主要用来考核学生学习正极前驱体化学合成原理、生产工艺流程及仪器设备操作规程知识，理解工艺参数、条件对产品产量、产品质量、安全生产的影响，使学生会选择、使用和操作仪器设备等，考核学生能按照正极前驱体生产流程规范操作，具有规范意识、质量意识、安全意识以及精益求精的精神。

1.J-1-1 镍钴锰酸锂正极前驱体的生产原料认知

①技能要求：熟知镍钴锰酸锂正极前驱体生产使用的原料品种和纯度标准及主要反应的化学反应方程式，理解并知道合成工艺所采用的气氛。

②素养要求：具备储能材料精益化生产意识；具备规范操作意识；具备高要求安全用电意识；具备节能、环保意识，并保持操作过程中环境整洁。

2.J-1-2 镍钴锰酸锂前驱体生产工艺及设备认知

①技能要求：能熟练准确写出共沉淀法制备镍钴锰酸锂正极前驱体的工艺流程，能正确使用共沉淀工艺主要的生产设备，能说明主要设备的用途和操作方法、能画出设备简图；能记住关键工艺步骤的工艺参数，能给出相应参数的管控范围。

②素养要求：具备储能材料精益化生产意识；具备规范操作意识；具备安全用电意识；

具备节能、环保意识，并保持操作过程中环境整洁。

项目 2 储能材料制备工艺认知

本项目包含高温固相法生产储能正极材料、草酸亚铁法制备 $LiFePO_4$、储能正极材料的生产原料认知 3 个技能点，考核学生对储能正极材料制备工艺、设备和原料选择等知识的掌握程度，同时考核学生的规范操作意识、安全生产意识、节能及环保意识等职业素养。

1. J-2-1 高温固相法制备储能正极材料

①技能要求：能熟练准确认知高温固相法制备储能锂离子电池正极材料的工艺流程，掌握高温固相工艺企业常用的生产设备，能说明各种设备的用途和操作方法；能知道关键工艺步骤的工艺参数，能给出相应参数的管控范围。

②素养要求：具备储能正极材料生产流程意识；具备规范操作意识；具备节能、环保意识；具有良好的职业道德，爱护生产设备；工作服穿戴整齐，保证工作环境整洁。

2. J-2-2 草酸亚铁法制备 $LiFePO_4$

①技能要求：能熟练准确认知草酸亚铁法制备 $LiFePO_4$ 的制备工艺流程，掌握草酸亚铁法制备 $LiFePO_4$ 生产企业常用的生产设备，能说明各种设备的用途和操作方法；能知道关键工艺步骤的工艺参数，能给出相应参数的管控范围。

②素养要求：具备储能正极材料生产流程意识；具备规范操作意识；具备节能、环保意识；具有良好的职业道德，爱护生产设备；工作服穿戴整齐，保证工作环境整洁。

3. J-2-3 储能正极材料的生产原料认知

①技能要求：熟知储能锂离子电池正极材料生产使用的原料品种和纯度标准及主要化学反应方程式，理解并知道各制备工艺所采用的气氛。

②素养要求：具备储能正极材料生产流程意识；具备规范操作意识；具备节能、环保意识；具有良好的职业道德，爱护生产设备；工作服穿戴整齐，保证工作环境整洁。

项目 3 储能电池制备工艺认知

本项目包含锂离子电池制备的制片、锂离子电池装配和锂离子电池检测 3 个技能点，考核学生对锂电制造设备的结构、工艺原理及设备操作规程等知识的掌握程度，同时考核学生的规范操作意识、安全生产意识、节能及环保意识等职业素养。

1. J-3-1 锂离子电池制片

①技能要求：熟练准确认知锂离子电池制片的工艺流程和主要生产设备名称，能画出工艺流程图；熟悉物料的种类、特性及体系搭配；能画出主要生产设备的结构简图，并能标注主要部件名称；掌握主要设备、仪器仪表的使用方法并知道其用途。

②素养要求：具备锂离子电池生产流程意识；具备规范操作意识；具备节能、环保意识；具有良好的职业道德，爱护生产设备；工作服穿戴整齐，保证工作环境整洁。

2. J-3-2 锂离子电池装配

①技能要求：能熟练准确认知锂离子电池装配工艺流程和主要生产设备名称，能画出工艺流程图；能画出主要生产设备的结构简图，并标注出主要部件名称；掌握组装过程中

主要设备、仪器仪表使用方法，熟知其用途。

②素养要求：具备锂离子电池生产流程意识；具备规范操作意识；具备安全用电意识；具备节能、环保意识；具有良好的职业道德，爱护生产设备；工作服穿戴整齐，保证工作环境整洁。

3. J-3-3 锂离子电池检测

①技能要求：能熟练准确认知锂离子电池检测的工艺流程和主要生产设备名称，能画出工艺流程图；能设置化成、分容的测试工步，能正确设置测试工艺参数；能画出主要生产设备的结构简图，并能标注主要部件名称，掌握主要设备、仪器仪表使用方法，熟知其用途。

②素养要求：具备规范操作意识；具备节能、环保意识；具有良好的职业道德，爱护生产设备；工作服穿戴整齐，保证工作环境整洁。

项目4 储能材料与电池分析检测工艺认知

本项目包含 $LiFePO_4$ 正极制片、$LiFePO_4$ 扣式电池组装和封装、$LiFePO_4$ 扣式电池比容量测试 3 个技能点，主要考核学生对 $LiFePO_4$ 正极材料制备成扣式电池并进行测试过程中主要设备结构、工作原理及操作规程相关知识和技能的掌握程度；同时考核学生的规范操作意识、安全生产意识、节能及环保意识等职业素养。

1. J-4-1 $LiFePO_4$ 正极制片

①技能要求：能熟练准确绘制 $LiFePO_4$ 正极极片制备工艺流程，熟知正极极片制备过程所需要的原材料品种及配方；能画出主要生产设备的结构简图，并能标注主要部件名称，掌握主要设备、仪器仪表使用方法，熟知其用途。

②素养要求：具备企业生产流程意识；具备规范操作意识；具备节能、环保意识；具有良好的职业道德，爱护生产设备；工作服穿戴整齐，保证工作环境整洁。

2. J-4-2 $LiFePO_4$ 扣式电池组装和封装

①技能要求：能熟练准确认知 $LiFePO_4$ 扣式锂离子电池组装和封装工艺流程；能准确选择原材料品种和部件组装扣式电池，熟悉正确的组装顺序。能画出主要生产设备的结构简图，并能标注主要部件名称，掌握主要设备、仪器仪表使用方法，熟知其用途。

②素养要求：具备企业生产流程意识；具备规范操作意识；具备节能、环保意识；具有良好的职业道德，爱护生产设备；工作服穿戴整齐，保证工作环境整洁。

3. J-4-3 $LiFePO_4$ 扣式电池比容量测试

①技能要求：能熟练准确认知 $LiFePO_4$ 扣式锂离子电池容量测试工艺流程，熟知比容量计算方法；能画出主要生产设备的结构简图，并能标注主要部件名称，掌握主要设备、仪器仪表使用方法，熟知其用途。

②素养要求：具备企业生产流程意识；具备规范操作意识；具备节能、环保意识；具有良好的职业道德，爱护生产设备；工作服穿戴整齐，保证工作环境整洁。

(二)专业核心技能模块

项目5　正极前驱体制备现场操作

本模块包含镍钴锰酸锂前驱体原料称量、前驱体原料溶液配制、前驱体原料盐溶液的过滤、前驱体原料碱溶液的过滤、pH 计使用等 5 个技能点。通过现场操作，考核学生理解前驱体化学沉淀法原理的能力，考核学生认识、操作与维护设备的能力；同时考核学生规范操作意识、精益化生产意识、安全生产意识、节能及环保意识等职业素养。

1.J-5-1 镍钴锰酸锂前驱体原料称量

①技能要求：能检查电子分析天平是否水平并会调平，会对天平进行预热。根据任务操作工单要求选择正确的原料品种，选择合适的称量容器，正确使用分析天平称取所需原料。

②素养要求：具有安全用水、用电的意识，操作前进行水电气设备检查；具有安全生产意识，穿戴劳保用品，仪器、物料的搬运、摆放等符合防护规范要求；养成良好的工作习惯，操作过程中及时进行仪器设备、工具的定置和归位，保持工作现场整洁，并及时处置废弃物等；养成良好的操作习惯，经常检查各仪器设备的运行状态，不乱动现场电源开关。

2.J-5-2 镍钴锰酸锂前驱体原料溶液配制

①技能要求：容量瓶使用前质量要求检漏。能根据配制溶液的体积选择合适容积的烧杯进行晶体溶解。溶液冷却后，会使用玻璃棒将溶液引流至容量瓶中，能将烧杯的洗水也引流至容量瓶，会进行溶液的定容并正确摇匀。

②素养要求：具有安全用水、用电的意识，操作前进行水电气设备检查；具有安全生产意识，穿戴劳保用品，仪器、物料的搬运、摆放等符合防护规范要求；养成良好的工作习惯，操作过程中及时进行仪器设备、工具的定置和归位，保持工作现场整洁，并及时处置废弃物等；养成良好的操作习惯，经常检查各仪器设备的运行状态，不乱动现场电源开关。

3.J-5-3 镍钴锰酸锂前驱体原料盐溶液的过滤

①技能要求：会正确组装抽滤设备，正确铺垫滤纸并赶出滤纸和布氏漏斗间的空气。能使用玻璃杯将盐溶液引流至布氏漏斗中，引流过程中保持真空泵处于工作状态。抽滤完成后能将盐溶液倒出并准确标记。

②素养要求：具有安全用水、用电的意识，操作前进行水电气设备检查；具有安全生产意识，穿戴劳保用品，仪器、物料的搬运、摆放等符合防护规范要求；养成良好的工作习惯，操作过程中及时进行仪器设备、工具的定置和归位，保持工作现场整洁，并及时处置废弃物等；养成良好的操作习惯，经常检查各仪器设备的运行状态，不乱动现场电源开关。

4.J-5-4 镍钴锰酸锂前驱体原料碱溶液的过滤

①技能要求：会正确组装抽滤设备，正确铺垫滤布并赶出滤布和布氏漏斗间的空气。能使用玻璃杯将碱溶液引流至布氏漏斗中，引流过程中保持真空泵处于正常工作状态。抽滤完成后能将碱溶液倒出并准确标记。

②素养要求：具有安全用水、用电的意识，操作前进行水电气设备检查；具有安全生

产意识，穿戴劳保用品，仪器、物料的搬运、摆放等符合防护规范要求；养成良好的工作习惯，操作过程中及时进行仪器设备、工具的定置和归位，保持工作现场整洁，并及时处置废弃物等；养成良好的操作习惯，经常检查各仪器设备的运行状态，不乱动现场电源开关。

5. J-5-5 合成-pH 计正确使用

①技能要求：能掌握 pH 计的使用方法，正确选择等电位点；能熟练地进行 pH 计校正并进行待测溶液 pH 的测定，准确填写操作记录单。

②素养要求：具有安全用水、用电的意识，操作前进行水电气设备检查；具有安全生产意识，穿戴劳保用品，仪器、物料的搬运、摆放等符合防护规范要求；养成良好的工作习惯，操作过程中及时进行仪器设备、工具的定置和归位，保持工作现场整洁，并及时处置废弃物等；养成良好的操作习惯，经常检查各仪器设备的运行状态，不乱动现场电源开关，真实记录温度条件和数据等。

项目 6　储能材料制备现场操作

本项目包含正极材料制备的混料操作、正极材料制备的煅烧操作、掺杂正极材料制备的混料操作等 3 个技能点。通过现场操作，考核学生认识、操作与维护设备的能力，控制各项工艺参数的能力，正确判断运行状态的能力，优化操作控制的能力，以及解决储能正极材料生产常见故障的能力；同时考核学生的规范操作意识、安全生产意识；节能及环保意识等职业素养。

1. J-6-1 正极材料制备的混料操作

①技能要求：能正确选择和使用电子天平，按照配比要求称取各种原料；能正确选用制备各种常规正极材料所对应的原料和混料设备，掌握球磨机的使用方法、工作原理、使用环境；会正确选用和操控各种正极材料的混料设备，正确设置球磨机的相关参数，会初步判断混合料是否质量合格。

②素养要求：具有安全用水、用电的意识，操作前进行水电气设备检查；具有安全生产意识，穿戴劳保用品，仪器、物料的搬运、摆放等符合防护规范要求；养成良好的工作习惯，操作过程中及时进行仪器、设备、工具的定置和归位，保持工作现场整洁，及时清理搅拌磨罐体内残留物等；不乱动现场电源开关，真实记录现场环境、条件和数据等。

2. J-6-2 正极材料制备的煅烧操作

①技能要求：能掌握常规正极材料煅烧系统的组成、工作原理、使用环境；会正确选用各种正极材料的煅烧设备，会进行温度曲线等相关参数的设置，会使用转子流量计正确计量，会选择煅烧的气氛，会进行煅烧炉启停等操作。

②素养要求：具有安全用水、用电的意识，操作前进行水电气设备检查；具有安全生产意识，穿戴劳保用品，仪器、物料的搬运、摆放等符合防护规范要求；养成良好的工作习惯，操作过程中及时进行仪器、设备、工具的定置和归位，保持工作现场整洁，及时清理刚玉烧钵中残留物等；不乱动现场电源开关，真实记录现场环境、条件和数据等。

3. J-6-3 掺杂正极材料制备的混料操作

①技能要求：能正确选择和使用电子天平，按照配比要求称取各种原料；能正确选用制备各种常规正极材料所对应的原料和混料设备，掌握球磨机的使用方法、工作原理、使

用环境；能正确判断各种常用添加剂的性状及其称量及混料方法、注意事项；会正确选用和操控各种正极材料的混料设备，正确设置球磨机的相关参数，会初步判断混合料是否质量合格。

②素养要求：具有安全用水、用电的意识，操作前进行水电气设备检查；具有安全生产意识，穿戴劳保用品，仪器、物料的搬运、摆放等符合防护规范要求；养成良好的工作习惯，操作过程中及时进行仪器、设备、工具的定置和归位，保持工作现场整洁，及时清理搅拌磨罐体内残留物等；不乱动现场电源开关，真实记录现场环境、条件和数据等。

项目7　储能电池制备现场操作

本项目包含配料操作、浆料检测操作等10个技能点。通过现场操作，考核学生认识、操作与维护设备的能力，控制各项工艺参数的能力，正确判断运行状态的能力，优化操作控制的能力，以及解决锂离子电池生产常见故障的能力；同时考核学生的规范操作意识、安全生产意识、节能及环保意识等职业素养。

1. J-7-1 制浆操作

①技能要求：熟练掌握真空搅拌机的工作原理和使用方法；能按照现场工艺指导文件要求进行真空搅拌机的升降、调整真空搅拌机的参数、浆料分散搅拌等操作，能正确对浆料过筛出料，并能根据浆料状态对搅拌工艺参数进行调整。

②素养要求：具有安全用水、用电的意识，操作前进行水电气设备检查；具有安全生产意识，穿戴劳保用品，仪器、物料的搬运、摆放等符合防护规范要求；养成良好的工作习惯，操作完毕后及时进行仪器、设备、工具的清洁、归位，保持工作现场整洁；具有环保和节约意识；不乱动现场电源开关、设备开关，真实记录现场环境、条件和数据等。

2. J-7-2 浆料检测操作

①技能要求：熟练掌握数字黏度计、细度计、水分分析仪等测试仪器设备的工作原理和使用方法；能按照现场工艺指导文件规定的检验方法进行黏度、细度和固体物含量测试操作。

②素养要求：具有安全用水、用电的意识，操作前进行水电气设备检查；具有安全生产意识，穿戴劳保用品，仪器、物料的搬运、摆放等符合防护规范要求；养成良好的工作习惯，操作完毕后及时进行仪器、设备、工具的清洁、归位，保持工作现场整洁；具有环保和节约意识；不乱动现场电源开关、设备开关，真实记录现场环境、条件和数据等。

3. J-7-3 涂布操作

①技能要求：熟练掌握涂布机、手动取样器、烘干法水分测定仪、电子天平等仪器设备的工作原理和使用方法；能按照现场工艺指导文件规定的工艺参数进行涂布操作，能正确选用涂布质量检测仪器仪表进行涂布质量检测，并能根据检测结果正确调整涂布工艺参数。

②素养要求：具有安全用水、用电的意识，操作前进行水电气设备检查；具有安全生产意识，穿戴劳保用品，仪器、物料的搬运、摆放等符合防护规范要求；养成良好的工作习惯，操作完毕后及时进行仪器、设备、工具的清洁、归位，保持工作现场整洁；具有环保和节约意识；不乱动现场电源开关、设备开关，真实记录现场环境、条件和数据等。

4. J-7-4 辊压和模切操作

①技能要求：熟练掌握辊压机、模切机、千分尺、手动取样器、百格刀等设备、仪器的工作原理和使用方法；能按照现场工艺指导文件规定的工艺参数进行辊压操作，能正确选用辊压质量检测仪器仪表进行辊压质量检测，并能根据检测结果正确调整辊压工艺参数。

②素养要求：具有安全用水、用电的意识，操作前进行水电气设备检查；具有安全生产意识，穿戴劳保用品，仪器、物料的搬运、摆放等符合防护规范要求；养成良好的工作习惯，操作完毕后及时进行仪器、设备、工具的清洁、归位，保持工作现场整洁；具有环保和节约意识；不乱动现场电源开关、设备开关，真实记录现场环境、条件和数据等。

5. J-7-5 叠片操作

①技能要求：熟练掌握叠片机的工作原理和使用方法；能按照现场工艺指导文件规定的工艺参数进行叠片操作，能正确使用工具对叠片质量进行检测，并能根据检测结果正确调整叠片工艺参数。

②素养要求：具有安全用水、用电的意识，操作前进行水电气设备检查；具有安全生产意识，穿戴劳保用品，仪器、物料的搬运、摆放等符合防护规范要求；养成良好的工作习惯，操作完毕后及时进行仪器、设备、工具的清洁、归位，保持工作现场整洁；具有环保和节约意识；不乱动现场电源开关、设备开关，真实记录现场环境、条件和数据等。

6. J-7-6 焊接操作

①技能要求：熟练掌握焊接机、拉力测试仪等设备的工作原理和使用方法；能按照现场工艺指导文件规定的工艺参数进行焊接操作，能正确使用拉力测试仪进行焊接质量检测，并能根据检测结果正确调整焊接工艺参数。

②素养要求：具有安全用水、用电的意识，操作前进行水电气设备检查；具有安全生产意识，穿戴劳保用品，仪器、物料的搬运、摆放等符合防护规范要求；养成良好的工作习惯，操作完毕后及时进行仪器、设备、工具的清洁、归位，保持工作现场整洁；具有环保和节约意识；不乱动现场电源开关、设备开关，真实记录现场环境、条件和数据等。

7. J-7-7 电芯组装和封装操作

①技能要求：熟练掌握铝塑膜成型机、铝塑模修边机、顶侧封机、拉力测试仪等设备的工作原理和使用方法；能按照现场工艺指导文件规定的工艺参数进行电芯组装和封装操作，能正确使用拉力测试仪进行电芯封装质量检测，并能根据检测结果正确调整电芯组装工艺参数。

②素养要求：具有安全用水、用电的意识，操作前进行水电气设备检查；具有安全生产意识，穿戴劳保用品，仪器、物料的搬运、摆放等符合防护规范要求；养成良好的工作习惯，操作完毕后及时进行仪器、设备、工具的清洁、归位，保持工作现场整洁；具有环保和节约意识；不乱动现场电源开关、设备开关，真实记录现场环境、条件和数据等。

8. J-7-8 电芯烘烤和注液操作

①技能要求：熟练掌握烘箱、注液机、微量水分测试仪、拉力测试仪、手套箱、电子天平等设备的工作原理和使用方法；能按照现场工艺指导文件规定的工艺参数进行电芯烘烤和注液操作，并能正确使用真空静置箱进行静置，使用封口机进行封口。

②素养要求：具有安全用水、用电的意识，操作前进行水电气设备检查；具有安全生

产意识，穿戴劳保用品，仪器、物料的搬运、摆放等符合防护规范要求；养成良好的工作习惯，操作完毕后及时进行仪器、设备、工具的清洁、归位，保持工作现场整洁；具有环保和节约意识；不乱动现场电源开关、设备开关，真实记录现场环境、条件和数据等。

9. J-7-9 电芯化成和抽气封口操作

①技能要求：熟练掌握化成柜、二次真空终封机等设备的工作原理和使用方法；能按照现场工艺指导文件规定的工艺参数进行电芯化成和二封操作，能正确使用化成测试程序进行化成工步设置与启动。

②素养要求：具有安全用水、用电的意识，操作前进行水电气设备检查；具有安全生产意识，穿戴好劳保用品，仪器、物料的搬运、摆放等符合防护规范要求；养成良好的工作习惯，操作完毕后及时进行仪器、设备、工具的清洁、归位，保持工作现场整洁；具有环保和节约意识；不乱动现场电源开关、设备开关，真实记录现场环境、条件和数据等。

10. J-7-10 电芯折边和分容操作

①技能要求：熟练掌握折边机、分容柜、蓄电池内阻测试仪等设备的工作原理和使用方法；能按照现场工艺指导文件规定的工艺参数进行电芯成型和分容操作，能正确选用蓄电池内阻测试仪检测电芯电压与内阻，并能根据检测结果正确调整电芯组装工艺参数。

②素养要求：具有安全用水、用电的意识，操作前进行水电气设备检查；具有安全生产意识，穿戴好劳保用品，仪器、物料的搬运、摆放等符合防护规范要求；养成良好的工作习惯，操作完毕后及时进行仪器、设备、工具的清洁、归位，保持工作现场整洁；具有环保和节约意识；不乱动现场电源开关、设备开关，真实记录现场环境、条件和数据等。

项目8 储能材料与电池分析检测现场操作

本项目包含 $LiFePO_4$ 正极浆料配制操作、$LiFePO_4$ 扣式电池正极制片操作、扣式电池组装和封装操作等6个技能点。考核学生对储能正极材料组装成扣式电池测试正极材料比容量的操作熟练程度以及按照 GB/T 31484—2015《电动汽车用动力蓄电池循环寿命要求及试验方法》规定的测试方法测试锂离子电池倍率充放电性能的操作能力；考核学生控制各项工艺参数的能力、正确判断设备运行状态的能力；同时考核学生的规范操作意识、安全生产意识、节能及环保意识等职业素养。

1. J-8-1 $LiFePO_4$ 正极浆料配制操作

①技能要求：能够正确选择合适的导电剂、黏结剂、溶剂，搭配 $LiFePO_4$ 正极材料形成正极体系，熟悉湿法配料工艺流程，会正确使用行星式真空搅拌机完成正极浆料配制操作。

②素养要求：具有安全用水、用电的意识，操作前进行水电气设备检查；具有安全生产意识，穿戴好劳保用品，仪器、物料的搬运、摆放等符合防护规范要求；养成良好的工作习惯，操作完毕后及时进行仪器、设备、工具的清洁、归位，保持工作现场整洁；具有环保和节约意识；不乱动现场电源开关、设备开关，真实记录现场环境、条件和数据等。

2. J-8-2 $LiFePO_4$ 扣式电池正极制片操作

①技能要求：熟悉扣式电池制片的工艺流程，正确使用平板涂覆机进行涂布和干燥操

作；正确使用电动对辊机进行辊压操作；正确使用冲片机进行冲片操作。

②素养要求：具有安全用水、用电的意识，操作前进行水电气设备检查；具有安全生产意识，穿戴好劳保用品，仪器、物料的搬运、摆放等符合防护规范要求；养成良好的工作习惯，操作完毕后及时进行仪器、设备、工具的清洁、归位，保持工作现场整洁；具有环保和节约意识；不乱动现场电源开关、设备开关，真实记录现场环境、条件和数据等。

3. J-8-3 扣式电池组装和封装操作

①技能要求：熟知正/负极外壳、正极极片、负极极片（铝片）、垫片、弹片、电解液、隔膜等电池构件组装顺序；正确使用手套箱进行进出料和封装操作；会正确使用真空干燥箱、手动/自动封装机、手套箱、绝缘镊子、滴管等工具和设备完成扣式电池组装和封装操作。

②素养要求：具有安全用水、用电的意识，操作前进行水电气设备检查；具有安全生产意识，穿戴好劳保用品，仪器、物料的搬运、摆放等符合防护规范要求；养成良好的工作习惯，操作完毕后及时进行仪器、设备、工具的清洁、归位，保持工作现场整洁；具有环保和节约意识；不乱动现场电源开关、设备开关，真实记录现场环境、条件和数据等。

4. J-8-4 正极材料比容量测试操作

①技能要求：能正确完成检测软件的启动及通道的选取；熟练运用测试软件对待测电池进行测试工步的设置，正确选取测试通道及发布测试；能根据测试数据和提供的重量数据计算正极材料的比容量。

②素养要求：具有安全用水、用电的意识，操作前进行水电气设备检查；具有安全生产意识，穿戴好劳保用品，仪器、物料的搬运、摆放等符合防护规范要求；养成良好的工作习惯，操作完毕后及时进行仪器、设备、工具的清洁、归位，保持工作现场整洁；具有环保和节约意识；不乱动现场电源开关、设备开关，真实记录现场环境、条件和数据等。

5. J-8-5 锂离子电池倍率充电测试操作

①技能要求：熟练掌握充放电测试柜的工作原理和使用方法；能按照 GB/T 31484—2015《电动汽车用动力蓄电池循环寿命要求及试验方法》规定的测试方法参数进行倍率充电测试操作，并能根据检测结果判断锂离子电池的性能是否达到国家标准。

②素养要求：具有安全用水、用电的意识，操作前进行水电气设备检查；具有安全生产意识，穿戴好劳保用品，仪器、物料的搬运、摆放等符合防护规范要求；养成良好的工作习惯，操作完毕后及时进行仪器、设备、工具的清洁、归位，保持工作现场整洁；具有环保和节约意识；不乱动现场电源开关、设备开关，真实记录现场环境、条件和数据等。

6. J-8-6 锂离子电池倍率放电测试操作

①技能要求：熟练掌握充放电测试柜的工作原理和使用方法；能按照 GB/T 31484—2015《电动汽车用动力蓄电池循环寿命要求及试验方法》规定的测试方法参数进行倍率放电测试操作，并能根据检测结果判断锂离子电池的性能是否达到国家标准。

②素养要求：具有安全用水、用电的意识，操作前进行水电气设备检查；具有安全生产意识，穿戴好劳保用品，仪器、物料的搬运、摆放等符合防护规范要求；养成良好的工作习惯，操作完毕后及时进行仪器、设备、工具的清洁、归位，保持工作现场整洁；具有环保和节约意识；不乱动现场电源开关、设备开关，真实记录现场环境、条件和数据等。

(三) 专业拓展技能模块

项目9　储能电池测试数据处理

本项目包含倍率充电曲线绘制、倍率放电曲线绘制2个技能点。通过电脑绘图，考核学生数据处理、绘制锂离子电池充放电曲线的能力，规范作图和图形美化的能力，并能简单计算倍率充电和倍率放电后电池的容量同初始容量的比值。同时考核学生的规范操作意识、安全生产意识、节能及环保意识等职业素养。

1. J-9-1 锂离子电池倍率充电曲线绘制

①技能要求：理解锂离子电池2C倍率充电测试数据中相关指标的含义，熟知数据处理的基本方法，能够熟练运用Excel整理测试数据；能够运用Excel工具绘制2C倍率充电曲线，并对图形进行美化；能够准确计算2C倍率充电后电池的放电容量同初始容量的比值。

②素养要求：具有安全用水、用电的意识，操作前进行水电气设备检查；具有安全生产意识，穿戴好劳保用品，仪器、物料的搬运、摆放等符合防护规范要求；养成良好的工作习惯，操作完毕后及时进行仪器、设备、工具的清洁、归位，保持工作现场整洁；具有环保和节约意识；不乱动现场电源开关、设备开关，真实记录现场环境、条件和数据等。

2. J-9-2 锂离子电池倍率放电曲线绘制

①技能要求：理解锂离子电池3C倍率放电测试数据中相关指标的含义，熟知数据处理的基本方法，能够熟练运用Excel整理测试数据；能够运用Excel工具绘制3C倍率放电曲线，并对图形进行美化；能够准确计算3C倍率放电容量同初始容量的比值。

②素养要求：具有安全用水、用电的意识，操作前进行水电气设备检查；具有安全生产意识，穿戴好劳保用品，仪器、物料的搬运、摆放等符合防护规范要求；养成良好的工作习惯，操作完毕后及时进行仪器、设备、工具的清洁、归位，保持工作现场整洁；具有环保和节约意识；不乱动现场电源开关、设备开关，真实记录现场环境、条件和数据等。

四、评价标准

(一) 评价原则

1. 储能材料技术专业技能考核以100分制记分，根据过程考核、结果考核、素质考核进行打分，并设立安全文明否决项，该项不配分，即一旦造成人身、设备重大事故或恶意顶撞考官、严重扰乱考场秩序的，立即终止考试，该题计0分。

2. 为了减少主观因素扣分把握的误差，单次最大扣分不大于5分。

3. 分步骤或项目配分的，不出现负分，即单步或单项扣分扣完为止。

（二）评价标准

以《锂离子电池正极制片工艺认知》考核试题为例，评价标准见表1。考虑题目的实际特点，具体项目的考核评价细则见相应题库。

表1 《锂离子电池正极制片工艺认知》评价标准

评价内容及评分		评分标准	得分
工艺认知（80分）	工艺流程识别（30分）	画出正极制片过程的制浆、涂布、辊压和模切工艺流程图： 1. 画出湿法工艺制备锂离子电池正极浆料的工艺流程图（5分），标明设备名称（2.5分）； 2. 画出锂离子电池正极涂布的工艺流程图（5分），标明设备名称（2.5分）； 3. 画出锂离子电池正极辊压的工艺流程图（5分），标明设备名称（2.5分）； 4. 画出锂离子电池正极模切的工艺流程图（5分），标明设备名称（2.5分）	
	材料体系及配方认知（20分）	1. 写出正极体系的组成（5分）； 2. 选择 $LiFePO_4$ 作为正极主材，写出可以搭配 $LiFePO_4$ 正极主材的导电剂（或导电剂组合）、黏结剂和溶剂的名称（5分）； 3. 写出一个正极浆料配方（5分），要求正极主材含量不低于90%，并使浆料具有良好的导电性（导电剂含量不低于2%）和黏结性（黏结剂含量不低于2%）（5分）	
	画出设备结构简图（10分）	从下列主要生产设备中选择1台设备画出其结构简图（5分）并标明主要部件名称（5分）：行星真空搅拌机、涂布机、辊压机、模切机	
	设备识别（10分）	从下列主要生产设备中选择1台生产设备写出其用途（5分）及使用方法（5分）：行星真空搅拌机、涂布机、辊压机、模切机	
	测试仪器识别（10分）	从下列主要测试仪器中选择1台仪器并写出其用途（5分）及使用方法（5分）：刮板细度计、水分测定仪、黏度计、百格刀	
职业素养（20分）		1. 着装符合实训室要求（实训服，实训帽，严禁穿拖鞋）（5分）； 2. 执行6S要求，保持操作环境整齐、清洁，包括仪器设备、实验材料以及台面整理（5分）； 3. 严格遵守实训室安全操作规范，正确使用仪器（5分）； 4. 具有职业素养，文明礼貌，服从安排（5分）	
安全文明否决		造成人身、设备重大事故，或恶意顶撞考官、严重扰乱考场秩序的，立即终止考试，此题计0分	
总分			

五、组考方式

本书的 9 个项目均为必考项目，9 个项目都要抽考到，每个学生只抽考一个项目下的一道试题。考核时，要求学生能按照相关操作规范独立完成给定任务，并体现良好的职业精神与职业素养。

学生抽取：按照省教育行政主管部门规定的抽考比例确定学校的参考人数，考核人数随机抽取 10%学生进行考核（不足 100 人的抽查 10 名学生考核）。

项目抽签：在每场测试前，由现场考评组长或考评员抽取参加考试的学生，9 个项目学生抽取比例依次按 10%、10%、10%、10%、10%、10%、20%、10%、10%分配，各项目分配考生人数按四舍五入计算。

试题抽签：在每场测试前，由现场考评组长或考评员从已封存好的各项目试题中抽取 1 道试题作为该场次测试试题。

工位抽签：参加测试的学生须在测试前到达候考场地点，考评员组织学生随机抽签确定工位顺序号，并登记备案。

第二部分

储能材料技术专业技能考核题库

储能材料技术专业学生技能考核题库分为专业基本技能模块、专业核心技能模块和专业拓展技能模块，覆盖了37个技能点，共计60道试题。其中专业基本技能模块有4个项目，包括项目1正极前驱体生产工艺认知(5题)、项目2储能材料制备工艺认知(7题)、项目3储能电池制备工艺认知(4题)、项目4储能材料与电池分析检测工艺认知(3题)；专业核心技能模块有4个项目，包括项目5正极前驱体制备现场操作(8题)、项目6储能材料制备现场操作(10题)、项目7储能电池制备现场操作(15题)、项目8储能材料与电池分析检测现场操作(6题)；专业拓展技能模块有1个项目，包括项目9储能电池测试数据处理(2题)。

一、专业基本技能模块

项目1　镍钴锰酸锂正极前驱体生产工艺认知

1.试题编号：T-1-1 NCM111前驱体生产工艺认知
考核技能点编号：J-1-1、J-1-2
(1)任务描述
某储能材料生产企业的正极前驱体生产车间，采用化学共沉淀法生产NCM111前驱体，请根据现场实际生产设备、阀门、仪表，在现场完成NCM111前驱体生产工艺认知。
①写出此次生产使用的主要原料名称和纯度标准，注明主要的化学反应方程式；
②绘制化学共沉淀法生产NCM111前驱体的工艺流程图，并标明主要设备名称；
③写出关键工序的工艺控制项目，注明工艺控制参数；
④正确选择2个主要设备并说明其用途和操作方法，并画出设备简图：电子分析天平、反应釜、离心机、干燥机。
(2)实施条件

表 1-1-1　T-1-1 实施条件

项 目	基 本 实 施 条 件
场地	储能材料前驱体实训室
仪器设备	电子分析天平、盐转移泵、碱转移泵、反应釜、离心机、干燥机
材料、试剂、工具、人员	铅笔、黑色水笔、直尺、作答纸
测评专家	至少配备 1 名考评员，考评员要求有 3 年以上从事储能材料生产专业领域相关的工作经历或实训指导经历

（3）考核时量

90 分钟。

（4）评价标准

表 1-1-2　T-1-1 评价标准

评价内容及评分		评 分 标 准	得分
工艺认知 （80分）	工艺流程识别 （30分）	1. 画出化学共沉淀法生产正极 NCM111 前驱体的工艺流程图(10分)； 2. 标明设备名称(5分)； 3. 写出本次生产所要使用的主要原料名称，注明纯度标准(10分)； 4. 注明主要反应的化学反应方程式(5分)	
	工艺参数认知 （10分）	1. 写出关键的工艺步骤(5分)； 2. 写出关键工艺步骤的参数(5分)	
	设备识别 （40分）	正确选择 2 个设备，写出名称：电子分析天平、反应釜、离心机、干燥机（各3分）；画出设备简图（各10分）；并说明其用途（各7分）	
职业素养 （20分）	安全操作 （10分）	1. 包括用电、用水的安全，人的安全，使用粉体材料的安全，使用高温设备的操作的安全，遵守各类实验室安全操作规范等(5分)； 2. 包括各类危险化学品生产管理的操作规范，应用储能行业各类技术的操作规范，特定试剂、仪器与设备的使用规定等(5分)	
	基本要求 （10分）	1. 着装符合职业要求，考试不迟到、独立完成考核、不做与考试无关的事、服从考场安排(5分)； 2. 符合相应职业岗位对员工的基本素养要求，具备良好的工作态度、工作作风与工作习惯，如工作条理清晰、工作环境保持整洁卫生等(5分)	
总分			

2. 试题编号：T-1-2 NCM424 前驱体制备工艺认知

考核技能点编号：J-1-1、J-1-2

(1) 任务描述

某储能材料生产企业的正极前驱体生产车间，采用化学共沉淀法生产 NCM424 前驱体，请根据现场实际生产设备、阀门、仪表，在现场完成 NCM424 前驱体生产工艺认知。

①写出此次生产使用的主要原料名称和纯度标准，注明主要的化学反应方程式；

②绘制化学共沉淀法生产 NCM424 前驱体的工艺流程图，并标明主要设备名称；

③写出关键工序的工艺控制项目，注明工艺控制参数；

④正确选择 2 个主要设备并说明其用途和操作方法，并画出设备简图：电子分析天平、反应釜、离心机、干燥机。

(2) 实施条件

表 1-2-1　T-1-2 实施条件

项　目	基 本 实 施 条 件
场地	储能材料前驱体实训室
仪器设备	电子分析天平、盐转移泵、碱转移泵、反应釜、离心机、干燥机
材料、试剂、工具、人员	铅笔、黑色水笔、直尺、作答纸
测评专家	至少配备 1 名考评员，考评员要求有 3 年以上从事储能材料生产专业领域相关的工作经历或实训指导经历

(3) 考核时量

90 分钟。

(4) 评价标准

表 1-2-2　T-1-2 评价标准

评价内容及评分		评 分 标 准	得分
工艺认知 (80分)	工艺流程识别 (30分)	1. 画出化学共沉淀法生产正极 NCM424 前驱体的工艺流程图(10分)； 2. 标明设备名称(5分)； 3. 写出本次生产所要使用的主要原料名称，注明纯度标准(10分)； 4. 注明主要反应的化学反应方程式(5分)	
	工艺参数认知 (10分)	1. 写出关键的工艺步骤(5分)； 2. 写出关键工艺步骤的参数(5分)	
	设备识别 (40分)	正确选择2个设备写出名称：电子分析天平、反应釜、离心机、干燥机(各3分)；画出设备简图(各10分)；并说明其用途(各7分)	

续表1-2-2

评价内容及评分		评 分 标 准	得分
职业素养 （20分）	安全操作 （10分）	1. 包括用电、用水的安全，人的安全，使用粉体材料的安全，使用高温设备的操作的安全，遵守各类实验室安全操作规范等（5分）； 2. 包括各类危险化学品生产管理的操作规范，应用储能行业各类技术的操作规范，特定试剂、仪器与设备的使用规定等（5分）	
	基本要求 （10分）	1. 着装符合职业要求，考试不迟到、独立完成考核、不做与考试无关的事、服从考场安排（5分）； 2. 符合相应职业岗位对员工的基本素养要求，具备良好的工作态度、工作作风与工作习惯，如工作条理清晰、工作环境保持整洁卫生等（5分）	
总分			

3. 试题编号：T-1-3 NCM523 前驱体制备工艺认知

考核技能点编号：J-1-1、J-1-2

（1）任务描述

某储能材料生产企业的正极前驱体生产车间，采用化学共沉淀法生产 NCM523 前驱体，请根据现场实际生产设备、阀门、仪表，在现场完成 NCM523 前驱体生产工艺认知。

①写出此次生产使用的主要原料名称和纯度标准，注明主要的化学反应方程式；

②绘制化学共沉淀法生产 NCM523 前驱体的工艺流程图，并标明主要设备名称；

③写出关键工序的工艺控制项目，注明工艺控制参数；

④正确选择 2 个主要设备并说明其用途和操作方法，并画出设备简图：电子分析天平、反应釜、离心机、干燥机。

（2）实施条件

表 1-3-1 T-1-3 实施条件

项目	基 本 实 施 条 件
场地	储能材料前驱体实训室
仪器设备	电子分析天平、盐转移泵、碱转移泵、反应釜、离心机、干燥机
材料、试剂、工具、人员	铅笔、黑色水笔、直尺、作答纸
测评专家	至少配备 1 名考评员，考评员要求有 3 年以上从事储能材料生产专业领域相关的工作经历或实训指导经历

（3）考核时量

90 分钟。

（4）评价标准

表 1-3-2 T-1-3 评价标准

评价内容及评分		评 分 标 准	得分
工艺认知 （80分）	工艺流程 识别 （30分）	1. 画出化学共沉淀法生产正极 NCM523 前驱体的工艺流程图（10分）； 2. 标明设备名称（5分）； 3. 写出本次生产所要使用的主要原料名称，注明纯度标准（10分）； 4. 注明主要反应的化学反应方程式（5分）	
	工艺参数 认知 （10分）	1. 写出关键的工艺步骤（5分）； 2. 写出关键工艺步骤的参数（5分）	
	设备识别 （40分）	正确选择 2 个设备写出名称：电子分析天平、反应釜、离心机、干燥机（各 3 分）；画出设备简图（各 10 分）；并说明其用途（各 7 分）	
职业素养 （20分）	安全操作 （10分）	1. 包括用电、用水的安全，人的安全，使用粉体材料的安全，使用高温设备的操作的安全，遵守各类实验室安全操作规范等（5分）； 2. 包括各类危险化学品生产管理的操作规范，应用储能行业各类技术的操作规范，特定试剂、仪器与设备的使用规定等（5分）	
	基本要求 （10分）	1. 着装符合职业要求，考试不迟到、独立完成考核、不做与考试无关的事、服从考场安排（5分）； 2. 符合相应职业岗位对员工的基本素养要求，具备良好的工作态度、工作作风与工作习惯，如工作条理清晰、工作环境保持整洁卫生等（5分）	
总分			

4. 试题编号：T-1-4 NCM622 前驱体制备工艺认知

考核技能点编号：J-1-1、J-1-2

（1）任务描述

某储能材料生产企业的正极前驱体生产车间，采用化学共沉淀法生产 NCM622 前驱体，请根据现场实际生产设备、阀门、仪表，在现场完成 NCM622 前驱体生产工艺认知。

①写出此次生产使用的主要原料名称和纯度标准，注明主要的化学反应方程式；

②绘制化学共沉淀法生产 NCM622 前驱体的工艺流程图，并标明主要设备名称；

③写出关键工序的工艺控制项目，注明工艺控制参数；

④正确选择 2 个主要设备并说明其用途和操作方法，并画出设备简图：电子分析天平、反应釜、离心机、干燥机。

（2）实施条件

表1-4-1 T-4-1实施条件

项 目	基 本 实 施 条 件
场地	储能材料前驱体实训室
仪器设备	电子分析天平、盐转移泵、碱转移泵、反应釜、离心机、干燥机
材料、试剂、工具、人员	铅笔、黑色水笔、直尺、作答纸
测评专家	至少配备1名考评员,考评员要求有3年以上从事储能材料生产专业领域相关的工作经历或实训指导经历

(3)考核时量

90分钟。

(4)评价标准

表1-4-2 T-4-1评价标准

评价内容及评分		评 分 标 准	得分
工艺认知 (80分)	工艺流程识别 (30分)	1. 画出化学共沉淀法生产正极NCM622前驱体的工艺流程图(10分); 2. 标明设备名称(5分); 3. 写出本次生产所要使用的主要原料名称,注明纯度标准(10分); 4. 注明主要反应的化学反应方程式(5分)	
	工艺参数认知 (10分)	1. 写出关键的工艺步骤(5分); 2. 写出关键工艺步骤的参数(5分)	
	设备识别 (40分)	正确选择2个设备写出名称:电子分析天平、反应釜、离心机、干燥机(各3分);画出设备简图(各10分);并说明其用途(各7分)	
职业素养 (20分)	安全操作 (10分)	1. 包括用电、用水的安全,人的安全,使用粉体材料的安全,使用高温设备的操作的安全,遵守各类实验室安全操作规范等(5分); 2. 包括各类危险化学品生产管理的操作规范,应用储能行业各类技术的操作规范,特定试剂、仪器与设备的使用规定等(5分)	
	基本要求 (10分)	1. 着装符合职业要求,考试不迟到、独立完成考核、不做与考试无关的事、服从考场安排(5分); 2. 符合相应职业岗位对员工的基本素养要求,具备良好的工作态度、工作作风与工作习惯,如工作条理清晰、工作环境保持整洁卫生等(5分)	
总分			

5. 试题编号：T-1-5 NCM811 前驱体制备工艺认知

考核技能点编号：J-1-1、J-1-2

(1) 任务描述

某储能材料生产企业的正极前驱体生产车间，采用化学共沉淀法生产 NCM811 前驱体，请根据现场实际生产设备、阀门、仪表，在现场完成 NCM811 前驱体生产工艺认知。

①写出此次生产使用的主要原料名称和纯度标准，注明主要的化学反应方程式；

②绘制化学共沉淀法生产 NCM811 前驱体的工艺流程图，并标明主要设备名称；

③写出关键工序的工艺控制项目，注明工艺控制参数；

④正确选择 2 个主要设备并说明其用途和操作方法，并画出设备简图：电子分析天平、反应釜、离心机、干燥机。

(2) 实施条件

表 1-5-1 T-5-1 实施条件

项 目	基 本 实 施 条 件
场地	储能材料前驱体实训室
仪器设备	电子分析天平、盐转移泵、碱转移泵、反应釜、离心机、干燥机
材料、试剂、工具、人员	铅笔、黑色水笔、直尺、作答纸
测评专家	至少配备 1 名考评员，考评员要求有 3 年以上从事储能材料生产专业领域相关的工作经历或实训指导经历

(3) 考核时量

90 分钟。

(4) 评价标准

表 1-5-2 T-5-1 评价标准

评价内容及评分		评 分 标 准	得分
工艺认知 (80 分)	工艺流程识别 (30 分)	1. 画出化学共沉淀法生产正极 NCM811 前驱体的工艺流程图(10 分)； 2. 标明设备名称(5 分)； 3. 写出本次生产所要使用的主要原料名称，注明纯度标准(10 分)； 4. 注明主要反应的化学反应方程式(5 分)	
	工艺参数认知 (10 分)	1. 写出关键的工艺步骤(5 分)； 2. 写出关键工艺步骤的参数(5 分)	
	设备识别 (40 分)	正确选择 2 个设备写出名称：电子分析天平、反应釜、离心机、干燥机(各 3 分)；画出设备简图(各 10 分)；并说明其用途(各 7 分)	

续表1-5-2

评价内容及评分		评 分 标 准	得分
职业素养 (20分)	安全操作 (10分)	1.包括用电、用水的安全，人的安全，使用粉体材料的安全，使用高温设备的操作的安全，遵守各类实验室安全操作规范等(5分)； 2.包括各类危险化学品生产管理的操作规范，应用储能行业各类技术的操作规范，特定试剂、仪器与设备的使用规定等(5分)	
	基本要求 (10分)	1.着装符合职业要求，考试不迟到、独立完成考核、不做与考试无关的事、服从考场安排(5分)； 2.符合相应职业岗位对员工的基本素养要求，具备良好的工作态度、工作作风与工作习惯，如工作条理清晰、工作环境保持整洁卫生等(5分)	
总分			

项目2　储能材料制备工艺认知

1.试题编号：T-2-1 $LiCoO_2$ 正极材料制备工艺认知

考核技能点编号：J-2-1，J-2-3

(1)任务描述

采用高温固相法生产 $LiCoO_2$ 正极材料，请根据现场实际生产设备、阀门、仪表，在现场完成 $LiCoO_2$ 正极材料高温固相法制备工艺认知。要求如下：

①列出高温固相法生产 $LiCoO_2$ 正极材料的主要工序，并画出工艺流程图；标明各工序所对应的设备名称；写出此次生产使用的主要原料名称和主要原料的纯度标准，注明主要反应的化学反应方程式；

②任选2个工序，分别列出所选工序的关键工艺参数名称，并给出相应参数的管控范围；

③现场任选2个主要设备或工具并分别说明其用途和操作方法：称量配料系统、球磨机、球磨罐及锆球、气氛炉、刚玉烧钵、玛瑙研钵、40目及200目筛网各一套。

(2)实施条件

表2-1-1　T-2-1实施条件

项　目	基 本 实 施 条 件
场地	储能材料实训室
仪器设备	电子分析天平1台、球磨机1台、气氛炉1台、玛瑙研钵1套、40目及200目筛网各1套
材料、试剂、工具、人员	笔、作答纸
测评专家	至少配备1名考评员，考评员要求有3年以上从事储能材料生产专业领域相关的工作经历或实训指导经历

（3）考核时量

90 分钟。

（4）评价标准

表 2-1-2　T-2-1 评价标准

评价内容及评分		评 分 标 准	得分
工艺认知 （80分）	工艺流程 识别 （30分）	1.列出高温固相法生产 $LiCoO_2$ 正极材料的主要工序（5分），并画出工艺流程图（5分）； 2.标明各工序所对应的设备名称（5分）； 3.写出本次生产所要使用的主要原料名称（5分），注明主要原料的纯度标准（5分）； 4.写出主要反应的化学反应方程式（5分）	
	工艺参数 认知 （20分）	任选 2 个工序，分别列出所选工序的关键工艺参数名称（各5分），并给出相应参数的管控范围（各5分）	
	设备识别 （30分）	现场任选 2 个主要设备或工具并分别说明其用途和操作方法：称量配料系统、球磨机、球磨罐及锆球、气氛炉、刚玉烧钵、玛瑙研钵、40 目及 200 目筛网各 1 套（根据实物正确描述出其名称各 5 分，用途各 5 分，操作方法各 5 分）	
职业素养 （20分）		1.着装符合实训室要求（实训服，实训帽，严禁穿拖鞋）（5分）； 2.执行 6S 要求，保持操作环境整齐、清洁，包括仪器设备、实验材料以及台面整理（5分）； 3.严格遵守实训室安全操作规范，正确使用仪器（5分）； 4.具有职业素养，文明礼貌，服从安排（5分）	
安全文明 否决		造成人身、设备重大事故，或恶意顶撞考官、严重扰乱考场秩序的，立即终止考试，此题计 0 分	
总分			

2.试题编号：T-2-2 $LiMn_2O_4$ 正极材料制备工艺认知

考核技能点编号：J-2-1，J-2-3

（1）任务描述

采用高温固相法生产 $LiMn_2O_4$ 正极材料，请根据现场实际生产设备、阀门、仪表，在现场完成 $LiMn_2O_4$ 正极材料高温固相法制备工艺认知。要求如下：

①列出高温固相法生产 $LiMn_2O_4$ 正极材料的主要工序，并画出工艺流程图；标明各工序所对应的设备名称；写出此次生产使用的主要原料名称和纯度标准，写出主要反应的化学反应方程式；

②任选 2 个工序，分别列出所选工序的关键工艺参数名称，并给出相应参数的管控范围；

③现场任选 2 个主要设备或工具并分别说明其用途和操作方法：称量配料系统、球磨机、球磨罐及锆球、气氛炉、刚玉烧钵、玛瑙研钵、40 目及 200 目筛网各 1 套。

（2）实施条件

表 2-2-1　T-2-2 实施条件

项目	基 本 实 施 条 件
场地	储能材料实训室
仪器设备	电子分析天平 1 台、球磨机 1 台、气氛炉 1 台、玛瑙研钵 1 套、40 目及 200 目筛网各 1 套
材料、试剂、工具、人员	笔、作答纸
测评专家	至少配备 1 名考评员，考评员要求有 3 年以上从事储能材料生产专业领域相关的工作经历或实训指导经历

（3）考核时量

90 分钟。

（4）评价标准

表 2-2-2　T-2-2 评价标准

评价内容及评分		评 分 标 准	得分
工艺认知 （80 分）	工艺流程 识别 （30 分）	1. 列出高温固相法生产 $LiMn_2O_4$ 正极材料的主要工序（5 分），并画出工艺流程图（5 分）； 2. 标明各工序所对应的设备名称 5 分）； 3. 写出本次生产所要使用的主要原料名称（5 分），注明主要原料的纯度标准（5 分）； 4. 写出主要反应的化学反应方程式（5 分）	
	工艺参数 认知 （20 分）	任选 2 个工序，分别列出所选工序的关键工艺参数名称（各 5 分），并给出相应参数的管控范围（各 5 分）	
	设备识别 （30 分）	现场任选 2 个主要设备或工具并分别说明其用途和操作方法：称量配料系统、球磨机、球磨罐及锆球、气氛炉、刚玉烧钵、玛瑙研钵、40 目及 200 目筛网各 1 套（根据实物正确描述出其名称各 5 分，用途各 5 分，操作方法各 5 分）	

续表2-2-2

评价内容及评分	评 分 标 准	得分
职业素养 (20分)	1. 着装符合实训室要求(实训服,实训帽,严禁穿拖鞋)(5分); 2. 执行6S要求,保持操作环境整齐、清洁,包括仪器设备、实验材料以及台面整理(5分); 3. 严格遵守实训室安全操作规范,正确使用仪器(5分); 4. 具有职业素养,文明礼貌,服从安排(5分)	
安全文明否决	造成人身、设备重大事故,或恶意顶撞考官、严重扰乱考场秩序的,立即终止考试,此题计0分	
总分		

3. 试题编号:T-2-3 NCM523 三元正极材料制备工艺认知

考核技能点编号:J-2-1,J-2-3

(1)任务描述

采用高温固相法生产 NCM523 三元正极材料,请根据现场实际生产设备、阀门、仪表,在现场完成 NCM523 三元正极材料高温固相法制备工艺认知。要求如下:

①列出高温固相法生产 NCM523 三元正极材料的主要工序,并画出工艺流程图;标明各工序所对应的设备名称;写出此次生产使用的主要原料名称和纯度标准,注明主要反应的化学反应方程式;

②任选2个工序,分别列出所选工序的关键工艺参数名称,并给出相应参数的管控范围;

③现场任选2个主要设备或工具并分别说明其用途和操作方法:称量配料系统、球磨机、球磨罐及锆球、气氛炉、刚玉烧钵、玛瑙研钵、40目及200目筛网各1套。

(2)实施条件

表 2-3-1 T-2-3 实施条件

项 目	基 本 实 施 条 件
场地	储能材料实训室
仪器设备	电子分析天平1台、球磨机1台、气氛炉1台、玛瑙研钵1套、40目及200目筛网各1套
材料、试剂、工具、人员	笔、作答纸
测评专家	至少配备1名考评员,考评员要求有3年以上从事储能材料生产专业领域相关的工作经历或实训指导经历

(3)考核时量

90分钟。

(4)评价标准

表 2-3-2 T-2-3 评价标准

评价内容及评分		评 分 标 准	得分
工艺认知 (80分)	工艺流程 识别 (30分)	1. 列出高温固相法生产 NCM523 三元正极材料的主要工序(5分)，并画出工艺流程图(5分)； 2. 标明各工序所对应的设备名称(5分)； 3. 写出本次生产所要使用的主要原料名称(5分)，注明主要原料的纯度标准(5分)； 4. 写出主要反应的化学反应方程式(5分)	
	工艺参数 认知 (20分)	任选 2 个工序，分别列出所选工序的关键工艺参数名称(各5分)，并给出相应参数的管控范围(各5分)	
	设备识别 (30分)	现场任选 2 个主要设备或工具并分别说明其用途和操作方法：称量配料系统、球磨机、球磨罐及锆球、气氛炉、刚玉烧钵、玛瑙研钵、40 目及 200 目筛网各 1 套(根据实物正确描述出其名称各 5 分，用途各 5 分，操作方法各 5 分)	
职业素养 (20分)		1. 着装符合实训室要求(实训服，实训帽，严禁穿拖鞋)(5分)； 2. 执行 6S 要求，保持操作环境整齐、清洁，包括仪器设备、实验材料以及台面整理(5分)； 3. 严格遵守实训室安全操作规范，正确使用仪器(5分)； 4. 具有职业素养，文明礼貌，服从安排(5分)	
安全文明 否决		造成人身、设备重大事故，或恶意顶撞考官、严重扰乱考场秩序的，立即终止考试，此题计 0 分	
总分			

4. 试题编号：T-2-4 NCM622 三元正极材料制备工艺认知

考核技能点编号：J-2-1，J-2-3

(1)任务描述

采用高温固相法生产 NCM622 三元正极材料，请根据现场实际生产设备、阀门、仪表，在现场完成 NCM622 三元正极材料高温固相法制备工艺认知。要求如下：

①列出高温固相法生产 NCM622 的主要工序，并画出工艺流程图；标明各工序所对应的设备名称；写出此次生产使用的主要原料名称和纯度标准，及主要反应的化学反应方程式；

②任选 2 个工序，分别列出所选工序的关键工艺参数名称，并给出相应参数的管控范围；

③现场任选 2 个主要设备或工具并分别说明其用途和操作方法：称量配料系统、球磨机、球磨罐及锆球、气氛炉、刚玉烧钵、玛瑙研钵、40 目及 200 目筛网各 1 套。

(2)实施条件

表 2-4-1　T-2-4 实施条件

项　目	基 本 实 施 条 件
场地	储能材料实训室
仪器设备	电子分析天平 1 台、球磨机 1 台、气氛炉 1 台、玛瑙研钵 1 套、40 目及 200 目筛网各 1 套
材料、试剂、工具、人员	笔、作答纸
测评专家	至少配备 1 名考评员，考评员要求有 3 年以上从事储能材料生产专业领域相关的工作经历或实训指导经历

（3）考核时量

90 分钟。

（4）评价标准

表 2-4-2　T-2-4 评价标准

评价内容及评分		评分标准	得分
工艺认知 （80 分）	工艺流程识别 （30 分）	1. 列出高温固相法生产 NCM622 三元正极材料的主要工序（5 分），并画出工艺流程图（5 分）； 2. 标明各工序所对应的设备名称（5 分）； 3. 写出本次生产所要使用的主要原料名称（5 分），注明主要原料的纯度标准（5 分）； 4. 写出主要反应的化学反应方程式（5 分）	
	工艺参数认知 （20 分）	任选 2 个工序，分别列出所选工序的关键工艺参数名称（各 5 分），并给出相应参数的管控范围（各 5 分）	
	设备识别 （30 分）	现场任选 2 个主要设备或工具并分别说明其用途和操作方法：称量配料系统、球磨机、球磨罐及锆球、气氛炉、刚玉烧钵、玛瑙研钵、40 目及 200 目筛网各 1 套（根据实物正确描述出其名称各 5 分，用途各 5 分，操作方法各 5 分）	
职业素养 （20 分）		1. 着装符合实训室要求（实训服，实训帽，严禁穿拖鞋）（5 分）； 2. 执行 6S 要求，保持操作环境整齐、清洁，包括仪器设备、实验材料以及台面整理（5 分）； 3. 严格遵守实训室安全操作规范，正确使用仪器（5 分）； 4. 具有职业素养，文明礼貌，服从安排（5 分）	
安全文明否决		造成人身、设备重大事故，或恶意顶撞考官、严重扰乱考场秩序的，立即终止考试，此题计 0 分	
总分			

5. 试题编号：T-2-5 NCM811 三元正极材料制备工艺认知

考核技能点编号：J-2-1，J-2-3

（1）任务描述

采用高温固相法制备 NCM811 三元正极材料，请根据现场实际生产设备、阀门、仪表，在现场完成 NCM811 的高温固相法制备工艺认知。要求如下：

①列出高温固相法生产 NCM811 的主要工序，并画出工艺流程图；标明各工序所对应的设备名称；写出此次生产使用的主要原料名称和纯度标准，及主要反应的化学反应方程式；

②任选 2 个工序，分别列出所选工序的关键工艺参数名称，并给出相应参数的管控范围；

③现场任选 2 个主要设备或工具并分别说明其用途和操作方法：称量配料系统、球磨机、球磨罐及锆球、气氛炉、刚玉烧钵、玛瑙研钵、40 目及 200 目筛网各 1 套。

（2）实施条件

表 2-5-1　T-2-5 实施条件

项　目	基 本 实 施 条 件
场地	储能材料实训室
仪器设备	电子分析天平 1 台、球磨机 1 台、气氛炉 1 台、玛瑙研钵 1 套、40 目及 200 目筛网各 1 套
材料、试剂、工具、人员	笔、作答纸
测评专家	至少配备 1 名考评员，考评员要求有 3 年以上从事储能材料生产专业领域相关的工作经历或实训指导经历

（3）考核时量

90 分钟。

（4）评价标准

表 2-5-2　T-2-5 评价标准

评价内容及评分		评 分 标 准	得分
工艺认知（80 分）	工艺流程识别（30 分）	1. 列出高温固相法生产 NCM811 三元正极材料的主要工序（5 分），并画出工艺流程图（5 分）； 2. 标明各工序所对应的设备名称（5 分）； 3. 写出本次生产所要使用的主要原料名称（5 分），注明主要原料的纯度标准（5 分）； 4. 写出主要反应的化学反应方程式（5 分）	
	工艺参数认知（20 分）	任选 2 个工序，分别列出所选工序的关键工艺参数名称（各 5 分），并给出相应参数的管控范围（各 5 分）	

续表2-5-2

评价内容及评分		评 分 标 准	得分
工艺认知 (80分)	设备识别 (30分)	现场任选2个主要设备或工具并分别说明其用途和操作方法：称量配料系统、球磨机、球磨罐及锆球、气氛炉、刚玉烧钵、玛瑙研钵、40目及200目筛网各1套(根据实物正确描述出其名称各5分，用途各5分，操作方法各5分)	
职业素养 (20分)		1. 着装符合实训室要求(实训服，实训帽，严禁穿拖鞋)(5分)； 2. 执行6S要求，保持操作环境整齐、清洁，包括仪器设备、实验材料以及台面整理(5分)； 3. 严格遵守实训室安全操作规范，正确使用仪器(5分)； 4. 具有职业素养，文明礼貌，服从安排(5分)	
安全文明 否决		造成人身、设备重大事故，或恶意顶撞考官、严重扰乱考场秩序的，立即终止考试，此题计0分	
总分			

6. 试题编号：T-2-6 NCA 三元正极材料制备工艺认知

考核技能点编号：J-2-1，J-2-3

(1)任务描述

采用高温固相法生产 NCA 三元正极材料，请根据现场实际生产设备、阀门、仪表，在现场完成 NCA 三元正极材料高温固相法制备工艺认知。要求如下：

①列出高温固相法生产 NCA 三元正极材料的主要工序，并画出工艺流程图；标明各工序所对应的设备名称；写出此次生产使用的主要原料名称和纯度标准，及主要反应的化学反应方程式；

②任选2个工序，分别列出所选工序的关键工艺参数名称，并给出相应参数的管控范围；

③现场任选2个主要设备或工具并分别说明其用途和操作方法：称量配料系统、球磨机、球磨罐及锆球、气氛炉、刚玉烧钵、玛瑙研钵、40目及200目筛网各1套。

(2)实施条件

表 2-6-1 T-2-6 实施条件

项 目	基 本 实 施 条 件
场地	储能材料实训室
仪器设备	电子分析天平1台、球磨机1台、气氛炉1台、玛瑙研钵1套、40目及200目筛网各1套
材料、试剂、工具、人员	笔、作答纸
测评专家	至少配备1名考评员，考评员要求有3年以上从事储能材料生产专业领域相关的工作经历或实训指导经历

（3）考核时量

90 分钟。

（4）评价标准

表 2-6-2　T-2-6 评价标准

评价内容及评分		评 分 标 准	得分
工艺认知 （80分）	工艺流程 识别 （30分）	1.列出高温固相法生产 NCA 三元正极材料的主要工序（5分），并画出工艺流程图（5分）； 2.标明各工序所对应的设备名称（5分）； 3.写出本次生产所要使用的主要原料名称（5分），注明主要原料的纯度标准（5分）； 4.写出主要反应的化学反应方程式（5分）	
	工艺参数 认知 （20分）	任选 2 个工序，分别列出所选工序的关键工艺参数名称（各5分），并给出相应参数的管控范围（各5分）	
	设备识别 （30分）	现场任选 2 个主要设备或工具并分别说明其用途和操作方法：称量配料系统、球磨机、球磨罐及锆球、气氛炉、刚玉烧钵、玛瑙研钵、40 目及 200 目筛网各 1 套（根据实物正确描述出其名称各 5 分，用途各 5 分，操作方法各 5 分）	
职业素养 （20分）		1.包括用电、用水的安全，人的安全，使用粉体材料的安全，使用高温设备的操作的安全，遵守各类实验室安全操作规范等（5分）； 2.包括各类危险化学品生产管理的操作规范，应用储能行业各类技术的操作规范，特定试剂、仪器与设备的使用规定等（5分）	
安全文明 否决		造成人身、设备重大事故，或恶意顶撞考官、严重扰乱考场秩序的，立即终止考试，此题计 0 分	
总分			

7.试题编号：T-2-7 草酸亚铁法制备 $LiFePO_4$ 正极材料的制备工艺认知

考核技能点编号：J-2-2, J-2-3

（1）任务描述

采用草酸亚铁法制备 $LiFePO_4$ 正极材料，请根据现场实际生产设备、阀门、仪表，在现场完成 $LiFePO_4$ 正极材料的草酸亚铁法制备工艺认知。要求如下：

①列出草酸亚铁法制备 $LiFePO_4$ 正极材料的主要工序，并画出工艺流程图；标明各工序所对应的设备名称；写出此次生产使用的主要原料名称和纯度标准，及主要反应的化学反应方程式；

②任选 2 个工序，分别列出所选工序的关键工艺参数名称，并给出相应参数的管控范围；

③现场任选 2 个主要设备或工具并分别说明其用途和操作方法：称量配料系统、球磨机、球磨罐及锆球、气氛炉、刚玉烧钵、玛瑙研钵、40 目及 200 目筛网各 1 套。

（2）实施条件

表 2-7-1　T-2-7 实施条件

项　目	基 本 实 施 条 件
场地	储能材料实训室
仪器设备	电子分析天平 1 台、球磨机 1 台、气氛炉 1 台、玛瑙研钵 1 套、40 目及 200 目筛网各 1 套
材料、试剂、工具、人员	笔、作答纸
测评专家	至少配备 1 名考评员，考评员要求有 3 年以上从事储能材料生产专业领域相关的工作经历或实训指导经历

（3）考核时量

90 分钟。

（4）评价标准

表 2-7-2　T-2-7 评价标准

评价内容及评分		评 分 标 准	得分
工艺认知 （80 分）	工艺流程识别 （30 分）	1. 列出高温固相法生产 $LiFePO_4$ 正极材料的主要工序（5 分），并画出工艺流程图（5 分）； 2. 标明各工序所对应的设备名称（5 分）； 3. 写出本次生产所要使用的主要原料名称（5 分），注明主要原料的纯度标准（5 分）； 4. 写出主要反应的化学反应方程式（5 分）	
	工艺参数认知 （20 分）	任选 2 个工序，分别列出所选工序的关键工艺参数名称（各 5 分），并给出相应参数的管控范围（各 5 分）	
	设备识别 （30 分）	现场任选 2 个主要设备或工具并分别说明其用途和操作方法：称量配料系统、球磨机、球磨罐及锆球、气氛炉、刚玉烧钵、玛瑙研钵、40 目及 200 目筛网各 1 套（根据实物正确描述出其名称各 5 分，用途各 5 分，操作方法各 5 分）	
职业素养 （20 分）		1. 着装符合实训室要求（实训服，实训帽，严禁穿拖鞋）（5 分）； 2. 执行 6S 要求，保持操作环境整齐、清洁，包括仪器设备、实验材料以及台面整理（5 分）； 3. 严格遵守实训室安全操作规范，正确使用仪器（5 分）； 4. 具有职业素养，文明礼貌，服从安排（5 分）	
安全文明否决		造成人身、设备重大事故，或恶意顶撞考官、严重扰乱考场秩序的，立即终止考试，此题计 0 分	
总分			

项目3　储能电池制备工艺认知

1. 试题编号：T-3-1 锂离子电池正极制片工艺认知

考核技能点编号：J-3-1

（1）任务描述

某动力锂离子电池企业的制片车间，采用湿法工艺配制锂离子电池正极浆料并经涂布、辊压和模切后制备出正极极片，请根据现场物料、设备仪器一览，在现场完成锂离子电池正极制片工艺认知。要求如下：

①画出正极制片过程的制浆、涂布、辊压和模切工艺流程图；

②选择合适的正极材料体系并简单设计正极浆料配方；

③选择1台主要生产设备画出其结构简图并标明主要部件名称；

④选择1台主要生产设备写出其用途及使用方法；

⑤选择1台主要测试仪器写出其用途及使用方法。

（2）实施条件

表3-1-1　T-3-1实施条件

项　目	基 本 实 施 条 件
场地	储能电池实训室
仪器设备	行星真空搅拌机2台、涂布机1台、辊压机1台、模切机1台、烘干法水分测定仪1台、电子天平1台、黏度计1台、刮板细度计1台、百格刀1套
材料、试剂、工具、人员	手套、防尘口罩、剪刀、硅胶刮子、不锈钢桶、不锈钢勺、小推车、无尘抹布、扳手等
测评专家	至少配备1名考评员，考评员要求有3年以上从事材料专业领域相关的工作经历或实训指导经历

（3）考核时量

90分钟。

（4）评价标准

表 3-1-2　T-3-1 评价标准

评价内容及评分		评分标准	得分
工艺认知（80分）	工艺流程识别（30分）	画出正极制片过程的制浆、涂布、辊压和模切过程的工艺流程图： 1.画出湿法工艺制备锂离子电池正极浆料的工艺流程图(5分)，标明设备名称(2.5分)； 2.画出锂离子电池正极涂布的工艺流程图(5分)，标明设备名称(2.5分)； 3.画出锂离子电池正极辊压的工艺流程图(5分)，标明设备名称(2.5分)； 4.画出锂离子电池正极模切的工艺流程图(5分)，标明设备名称(2.5分)	
	材料体系及配方认知（20分）	1.写出正极体系的组成(5分)； 2.选择 $LiFePO_4$ 作为正极主材，写出可以搭配 $LiFePO_4$ 正极主材的导电剂(或导电剂组合)、黏结剂和溶剂的名称(5分)； 3.写出一个正极浆料配方(5分)，要求正极主材含量不低于90%，并使浆料具有良好的导电性(导电剂含量不低于2%)和黏性(黏结剂含量不低于2%)(5分)	
	画出设备结构简图（10分）	从下列主要生产设备中选择1台设备画出其结构简图(5分)并标明主要部件名称(5分)：行星真空搅拌机、涂布机、辊压机、模切机	
	设备识别（10分）	从下列主要生产设备中选择1台生产设备写出其用途(5分)及使用方法(5分)：行星真空搅拌机、涂布机、辊压机、模切机。	
	测试仪器识别（10分）	从下列主要测试仪器中选择1台仪器并写出其用途(5分)及使用方法(5分)：刮板细度计、水分测定仪、黏度计、百格刀。	
职业素养（20分）		1.着装符合实训室要求(实训服，实训帽，严禁穿拖鞋)(5分)； 2.执行 6S 要求，保持操作环境整齐、清洁，包括仪器设备、实验材料以及台面整理(5分)； 3.严格遵守实训室安全操作规范，正确使用仪器(5分)； 4.具有职业素养，文明礼貌，服从安排(5分)	
安全文明否决		造成人身、设备重大事故，或恶意顶撞考官、严重扰乱考场秩序的，立即终止考试，此题计0分	
总分			

2. 试题编号：T-3-2锂离子电池负极制片工艺认知

考核技能点编号：J-3-1

（1）任务描述

某动力锂离子电池企业的制片车间，采用湿法工艺配制锂离子电池负极浆料并涂布、辊压和模切制备负极极片，请根据现场物料、设备仪器一览，在现场完成锂离子电池负极制片工艺认知。要求如下：

①画出负极制片过程的制浆、涂布、辊压和模切工艺流程图；

②选择合适的负极材料体系并简单设计负极浆料配方；

③选择1台主要生产设备画出其结构简图并标明主要部件名称；

④选择1台主要生产设备写出其用途及使用方法；

⑤选择1台主要测试仪器写出其用途及使用方法。

（2）实施条件

表 3-2-1　T-3-2实施条件

项目	基 本 实 施 条 件
场地	储能电池实训室
仪器设备	行星真空搅拌机2台、涂布机1台、辊压机1台、模切机1台、烘干法水分测定仪1台、电子天平1台、黏度计1台、刮板细度计1台、百格刀1套
材料、试剂、工具、人员	手套、防尘口罩、剪刀、硅胶刮子、不锈钢桶、不锈钢勺、小推车、无尘抹布、扳手等
测评专家	至少配备1名考评员，考评员要求有3年以上从事材料专业领域相关的工作经历或实训指导经历

（3）考核时量

90分钟。

（4）评价标准

表 3-2-2　T-3-2评价标准

评价内容及评分		评 分 标 准	得分
工艺认知 （80分）	工艺流程识别 （30分）	画出负极制片过程的制浆、涂布、辊压和模切过程的工艺流程图： 1. 画出湿法工艺制备锂离子电池负极浆料的工艺流程图（5分），标明设备名称（2.5分）； 2. 画出锂离子电池负极涂布的工艺流程图（5分），标明设备名称（2.5分）； 3. 画出锂离子电池负极辊压的工艺流程图（5分），标明设备名称（2.5分）； 4. 画出锂离子电池负极模切的工艺流程图（5分），标明设备名称（2.5分）	

续表3-2-2

评价内容及评分		评分标准	得分
工艺认知 (80分)	材料体系及 配方认知 (20分)	1. 写出负极体系的组成(5分); 2. 选择石墨作为负极主材,写出可以搭配石墨负极主材的导电剂(或导电剂组合)、增稠剂、黏结剂和溶剂的名称(5分); 3. 写出一个负极浆料配方(5分),要求负极主材含量不低于90%,并使浆料具有良好的导电性(导电剂含量不低于2%)和黏结性(增稠剂含量不低于2%、黏结剂含量不低于2%)(5分)	
	画出设备 结构简图 (10分)	从下列主要生产设备中选择1台生产设备画出其结构简图(5分)并标明主要部件名称(5分):行星真空搅拌机、涂布机、辊压机、模切机	
	设备识别 (10分)	从下列主要生产设备中选择1台设备写出其用途(5分)及使用方法(5分):行星真空搅拌机、涂布机、辊压机、模切机	
	测试仪器 识别 (10分)	从下列主要测试仪器中选择1台仪器并写出其用途(5分)及使用方法(5分):刮板细度计、水分测定仪、黏度计、百格刀	
职业素养 (20分)		1. 着装符合实训室要求(实训服,实训帽,严禁穿拖鞋)(5分); 2. 执行6S要求,保持操作环境整齐、清洁,包括仪器设备、实验材料以及台面整理(5分); 3. 严格遵守实训室安全操作规范,正确使用仪器(5分); 4. 具有职业素养,文明礼貌,服从安排(5分)	
安全文明 否决		造成人身、设备重大事故,或恶意顶撞考官、严重扰乱考场秩序的,立即终止考试,此题计0分	
总分			

3. 试题编号：T-3-3 锂离子电池装配工艺认知

考核技能点编号：J-3-2

(1)任务描述

某动力锂离子电池企业的装配车间,使用正极+负极+隔膜叠片得到叠片芯包,对叠片芯包进行焊接、封装最后得到极组,请根据现场设备、仪器仪表一览,在现场完成锂离子电池装配工艺认知。要求如下：

①画出装配过程的工艺流程图;

②选择1台设备画出其结构简图并标明主要部件名称;

③选择1台设备写出其用途及使用方法;

④写出数显拉力实验机的用途及使用方法。

(2)实施条件

表 3-3-1 T-3-3 实施条件

项 目	基 本 实 施 条 件
场地	储能电池实训室
仪器设备	叠片机 1 台、焊接机 1 台、铝塑膜成型机 1 台、顶封机 1 台、侧封机 1 台、切边机 1 台
材料、试剂、工具、人员	手套、防尘口罩、美工刀、塞尺、碎布、千分尺、钢尺、无尘纸、酒精等
测评专家	至少配备 1 名考评员，考评员要求有 3 年以上从事材料专业领域相关的工作经历或实训指导经历

（3）考核时量

90 分钟。

（4）评价标准

表 3-3-2 T-3-3 评价标准

评价内容及评分		评 分 标 准	得分
工艺认知 （80分）	工艺流程识别（50分）	画出装配过程的叠片、极耳焊接、铝塑膜成型和电芯顶封、电芯侧封过程的工艺流程图： 1. 画出叠片过程工艺流程图(5分)、标明设备名称(5分)； 2. 画出极耳焊接过程工艺流程图(5分)、标明设备名称(5分)； 3. 画出铝塑膜成型过程工艺流程图(5分)、标明设备名称(5分)； 4. 画出电芯顶封过程工艺流程图(5分)、标明设备名称(5分)； 5. 画出电芯侧封过程工艺流程图(5分)、标明设备名称(5分)	
	画出设备结构简图（10分）	从下列主要生产设备中选择 1 台设备画出其结构简图(5分)并标明主要部件名称(5分)：叠片机、焊接机、铝塑膜成型机、顶封机、侧封机	
	设备识别（10分）	从下列主要生产设备中选择 1 台设备写出其用途(5分)及使用方法(5分)：叠片机、焊接机、铝塑膜成型机、顶封机、侧封机	
	测试仪器识别（10分）	写出数显拉力实验机的用途(5分)及使用方法(5分)	
职业素养 （20分）		1. 着装符合实训室要求(实训服，实训帽，严禁穿拖鞋)(5分)； 2. 执行 6S 要求，保持操作环境整齐、清洁，包括仪器设备、实验材料以及台面整理(5分)； 3. 严格遵守实训室安全操作规范，正确使用仪器(5分)； 4. 具有职业素养，文明礼貌，服从安排(5分)	
安全文明否决		造成人身、设备重大事故，或恶意顶撞考官、严重扰乱考场秩序的，立即终止考试，此题计 0 分	
总分			

4.试题编号：T-3-4 锂离子电池检测工艺认知

考核技能点编号：J-3-3

(1)任务描述

某动力锂离子电池企业的检测车间，对电芯进行烘烤、注液、化成、分容得到锂离子电池产品，请根据现场设备、仪器仪表一览，在现场完成检测工艺认知。要求如下：

①画出检测过程的工艺流程图；

②写出化成、分容的测试工步，正确设置测试工艺参数；

③选择1台设备画出其结构简图并标明主要部件名称；

④选择1台设备写出其用途及使用方法；

(2)实施条件

表 3-4-1　T-3-4 实施条件

项　目	基 本 实 施 条 件
场地	储能电池实训室
仪器设备	烘箱1台、手套箱1台、注液机1台、化成柜1台、分容柜1台
材料、试剂、工具、人员	手套、防尘口罩、美工刀、塞尺、碎布、千分尺、钢尺、无尘纸、酒精等
测评专家	至少配备1名考评员，考评员要求有3年以上从事材料专业领域相关的工作经历或实训指导经历

(3)考核时量

90分钟。

(4)评价标准

表 3-4-2　T-3-4 评价标准

评价内容及评分		评 分 标 准	得分
工艺认知 (80分)	工艺流程 识别 (40分)	画出检测过程的烘烤、注液、化成和分容过程的工艺流程图： 1.画出烘烤过程工艺流程图(5分)、标明设备名称(5分)； 2.画出注液过程工艺流程图(5分)、标明设备名称(5分)； 3.画出化成过程工艺流程图(5分)、标明设备名称(5分)； 4.画出分容过程工艺流程图(5分)、标明设备名称(5分)	
	化成和分容 工步设置 (20分)	1.写出化成测试的测试工步(5分)，正确设置充放电电压和电流参数(5分)； 2.写出分容测试的测试工步(5分)，正确设置充放电电压和电流参数(5分)	
	画出设备 结构简图 (10分)	从下列主要生产设备中选择1台设备画出其结构简图(5分)并标明主要部件名称(5分)：烘箱、手套箱、注液机、化成柜、分容柜	
	设备识别 (10分)	从下列主要生产设备中选择1台设备写出其用途(5分)及使用方法(5分)：烘箱、手套箱、注液机、化成柜、分容柜	

续表3-4-2

评价内容及评分	评 分 标 准	得分
职业素养 （20分）	1. 着装符合实训室要求(实训服，实训帽，严禁穿拖鞋)(5分)； 2. 执行6S要求，保持操作环境整齐、清洁，包括仪器设备、实验材料以及台面整理(5分)； 3. 严格遵守实训室安全操作规范，正确使用仪器(5分)； 4. 具有职业素养，文明礼貌，服从安排(5分)	
安全文明 否决	造成人身、设备重大事故，或恶意顶撞考官、严重扰乱考场秩序的，立即终止考试，此题计0分	
总分		

项目4　储能材料与电池分析检测工艺认知

1. 试题编号：T-4-1 LiFePO$_4$ 正极制片工艺认知

考核技能点编号：J-4-1

（1）任务描述

某新能源企业储能电池材料检测中心，采用LiFePO$_4$正极材料作为主材，使用湿法工艺配制锂离子电池正极浆料并经涂布、辊压和冲切后制备正极极片。请根据现场物料、设备仪器一览，在现场完成LiFePO$_4$正极制片工艺认知。要求如下：

①画出正极制片过程的制浆、涂布、辊压和模切工艺流程图；

②选择合适的LiFePO$_4$正极材料体系并简单设计正极浆料配方；

③选择1台主要生产设备画出其结构简图并标明主要部件名称；

④选择1台主要生产设备写出其用途及使用方法；

⑤选择1台主要测试仪器写出其用途及使用方法。

（2）实施条件

表4-1-1　T-4-1实施条件

项目	基 本 实 施 条 件
场地	储能材料与电池分析检测实训室
仪器设备	真空干燥箱、电子天平、行星真空搅拌机、平板涂覆机、电动对辊机、冲片机、刮板细度计、水分测定仪、黏度计、百格刀
材料、试剂、工具、人员	笔、作答纸
测评专家	至少配备1名考评员，考评员要求有3年以上从事新能源材料或电池材料专业领域相关的工作经历或实训指导经历

（3）考核时量

90 分钟。

（4）评价标准

表 4-1-2 T-4-1 评价标准

评价内容及评分		评 分 标 准	得分
工艺认知 （80分）	工艺流程 识别 （30分）	画出正极制片过程的制浆、涂布、辊压和模切过程的工艺流程图： 1. 画出配料工序工艺流程（5分），标明设备名称（2.5分）； 2. 画出涂布工序工艺流程（3分），标明设备名称（2.5分）； 3. 画出辊压工序工艺流程（3分），标明设备名称（2.5分）； 4. 画出冲切工序工艺流程（3分），标明设备名称（2.5分）	
	材料体系及 配方认知 （20分）	1. 以 $LiFePO_4$ 正极材料作为主材（5分），写出合适的辅材组成正极体系（5分）； 2. 写出正极浆料配方（5分），要求正极主材含量不低于90%，并使浆料具有良好的导电性（导电剂含量不低于2%）和黏结性（黏结剂含量不低于2%）（5分）	
	画出设备 结构简图 （10分）	从下列主要生产设备中选择1台设备画出其结构简图（5分）并标明主要部件名称（5分）：行星真空搅拌机、平板涂覆机、电动对辊机、冲片机	
	设备认知 （10分）	从下列主要生产设备中选择1台设备写出其用途（5分）及使用方法（5分）：行星真空搅拌机、平板涂覆机、电动对辊机、冲片机	
	测试仪器 认知 （10分）	从下列主要测试仪器中选择1台仪器并写出其用途（5分）及使用方法（5分）：刮板细度计、水分测定仪、黏度计、百格刀	
职业素养 （20分）		1. 着装符合实训室要求（实训服，实训帽，严禁穿拖鞋）（5分）； 2. 执行6S要求，保持操作环境整齐、清洁，包括仪器设备、实验材料以及台面整理（5分）； 3. 严格遵守实训室安全操作规范，正确使用仪器（5分）； 4. 具有职业素养，文明礼貌，服从安排（5分）	
安全文明 否决		造成人身、设备重大事故，或恶意顶撞考官、严重扰乱考场秩序的，立即终止考试，此题计0分	
总分			

2.试题编号：T-4-2 LiFePO₄ 扣式电池组装和封装工艺认知

考核技能点编号：J-4-2

（1）任务描述

某新能源企业储能电池材料检测中心，使用准备好的 $LiFePO_4$ 正极极片制备扣式电池，选择锂片、垫片、弹片、电池外壳、电解液、隔膜等部件，根据现场设备、仪器一览，在现场完成 $LiFePO_4$ 扣式电池组装工艺认知。要求如下：

①画出组装过程的工艺流程图；

②正确选用合适的材料和部件并按照正确的顺序组装扣式电池；

③画出手套箱结构简图并标明其主要部件名称；

④选择 1 台设备写出其用途及使用方法。

（2）实施条件

表4-2-1　T-4-2实施条件

项 目	基 本 实 施 条 件
场地	储能材料与电池分析检测实训室
仪器设备	真空干燥箱、手套箱、封口机、冲片机
材料、试剂、工具、人员	笔、作答纸
测评专家	至少配备 1 名考评员，考评员要求有 3 年以上从事新能源材料或电池材料专业领域相关的工作经历或实训指导经历

（3）考核时量

90 分钟。

（4）评价标准

表4-2-2　T-4-2评价标准

评价内容及评分		评 分 标 准	得分
工艺认知（80分）	工艺流程识别（40分）	画出物料进出手套箱、扣式电池组装和封装过程的工艺流程图： 1.画出从手套箱小过渡仓进料的工艺流程(5分)； 2.画出从手套箱大过渡仓进料的工艺流程(5分)； 3.画出从手套箱小过渡仓出料的工艺流程(5分)； 4.画出从手套箱大过渡仓出料的工艺流程(5分)； 5.画出 LiFePO₄ 扣式电池组装工艺流程(5分)、标明设备名称(5分)； 6.画出 LiFePO₄ 扣式电池封装工艺流程(5分)、标明设备名称(5分)	

续表4-2-2

评价内容及评分		评 分 标 准	得分
工艺认知 (80分)	材料及 部件选择 (15分)	1. 写出组成扣式电池的所有材料(5分)及部件名称(5分); 2. 画出正确的组装顺序(5分)	
	画出设备 结构简图 (15分)	1. 画出手套箱的基本轮廓(5分); 2. 标明手套箱主要部件的名称(5分); 3. 标明手套箱内部气体的组成(5分)	
	设备认知 (10分)	从下列主要设备中选择1台设备写出其用途(5分)及使用方法(5分):手套箱、干燥箱、封口机	
职业素养 (20分)		1. 着装符合实训室要求(实训服,实训帽,严禁穿拖鞋)(5分); 2. 执行6S要求,保持操作环境整齐、清洁,包括仪器设备、实验材料以及台面整理(5分); 3. 严格遵守实训室安全操作规范,正确使用仪器(5分); 4. 具有职业素养,文明礼貌,服从安排(5分)	
安全文明 否决		造成人身、设备重大事故,或恶意顶撞考官、严重扰乱考场秩序的,立即终止考试,此题计0分	
总分			

3. 试题编号: T-4-3 $LiFePO_4$ 正极材料比容量测试工艺认知

考核技能点编号: J-4-3

(1) 任务描述

某新能源企业储能电池材料检测中心,已完成 $LiFePO_4$ 扣式电池制备,需测试 $LiFePO_4$ 扣式电池的容量从而计算出 $LiFePO_4$ 正极材料的比容量。请根据现场检测设备、仪器仪表一览,在现场完成 $LiFePO_4$ 正极材料比容量测试工艺认知。要求如下:

①画出 $LiFePO_4$ 扣式电池容量测试过程的工艺流程图,正确设置测试工步;

②写出蓝电测试软件测试步骤,列出 $LiFePO_4$ 正极材料比容量的计算公式;

③选择1台设备画出其结构简图并标明主要部件名称;

④选择1台设备写出其用途及使用方法;

(2) 实施条件

表4-3-1　T-4-3 实施条件

项 目	基 本 实 施 条 件
场地	储能材料与电池分析检测实训室
仪器设备	蓄电池内阻测试仪、蓝电电池测试系统柜、电脑、显示屏

续表4-3-1

项目	基 本 实 施 条 件
材料、试剂、工具、人员	笔、作答纸
测评专家	至少配备 1 名考评员，考评员要求有 3 年以上从事新能源材料或电池材料专业领域相关的工作经历或实训指导经历

(3)考核时量

90 分钟。

(4)评价标准

表 4-3-2　T-4-3 评价标准

评价内容及评分		评 分 标 准	得分
工艺认知 (80分)	工艺流程识别 (40分)	1. 画出 $LiFePO_4$ 扣式电池容量测试工艺流程(5分)、标明设备名称(5分)； 2. 写出 $LiFePO_4$ 扣式电池容量测试的测试工步(10分，每写错一个工步扣 2 分，扣完为止)、正确设置充放电电压参数(5分)、正确设置充放电电流参数(5分)； 3. 画出 $LiFePO_4$ 扣式电池电压内阻测试工艺流程(5分)、标明设备名称(5分)	
	测试认知 (20分)	1. 选择正确的图标打开蓝电测试软件(5分)； 2. 写出蓝电测试软件测试的步骤(5分)； 3. 列出 $LiFePO_4$ 正极材料比容量的计算公式(5分)，按给定的数据计算出 $LiFePO_4$ 正极材料比容量(5分)	
	画出设备结构简图 (10分)	从下列主要生产设备中选择 1 台设备画出其结构简图(5分)并标明主要部件名(5分)：蓝电测试柜、蓄电池内阻测试仪	
	设备识别 (10分)	从下列主要设备中选择 1 台设备写出其用途(5分)及使用方法(5分)：蓝电测试柜、蓄电池内阻测试仪	
职业素养 (20分)		1. 着装符合实训室要求(实训服，实训帽，严禁穿拖鞋)(5分)； 2. 执行 6S 要求，保持操作环境整齐、清洁，包括仪器设备、实验材料以及台面整理(5分)； 3. 严格遵守实训室安全操作规范，正确使用仪器(5分)； 4. 具有职业素养，文明礼貌，服从安排(5分)	
安全文明否决		造成人身、设备重大事故，或恶意顶撞考官、严重扰乱考场秩序的，立即终止考试，此题计 0 分	
总分			

二、专业核心技能模块

项目 5　正极前驱体制备现场操作

1. 试题编号：T-5-1 NCM111 前驱体金属液配制

考核技能点编号：J-5-1、J-5-2、J-5-3

（1）任务描述

某储能材料生产企业的正极前驱体配液车间，采用（Ni、Co、Mn）SO_4 溶液为主要原料，要求溶液中 Ni^{2+}、Co^{2+}、Mn^{2+} 的浓度比为 1∶1∶1。本次操作为（Ni、Co、Mn）SO_4 的配制，请根据现场仪器设备、操作工单及化验器具、试剂配置一览，完成 250 mL 的（Ni、Co、Mn）SO_4 的配制，并填写记录单。

（Ni、Co、Mn）SO_4 成分具体要求如下：

① （Ni、Co、Mn）SO_4 浓度为 1 mol/L，其中 Ni^{2+}、Co^{2+}、Mn^{2+} 的浓度比为 1∶1∶1；

② $NiSO_4 \cdot 6H_2O$、$CoSO_4 \cdot 7H_2O$、$MnSO_4 \cdot H_2O$ 规格：均为电池级；

③ 水：纯水，水质电阻率 ≥15 MΩ·cm，溶解氧含量一般为 5~10 mg/L，最高含量不超过 14 mg/L。

（2）实施条件

表 5-1-1　T-5-1 实施条件

项　目	基 本 实 施 条 件
场地	先进材料技术研究中心
仪器设备、工具	电子分析天平、250 mL 烧杯 1 个、250 mL 容量瓶 1 个、玻璃棒、滤纸、80 mm 布氏漏斗 1 个、500 mL 抽滤瓶 1 个、抽滤塞 1 个、1 L 弯嘴壶 1 个、真空泵 1 台、油性签字笔 1 支，标签纸
材料、试剂	操作工单、电池级 $NiSO_4 \cdot 6H_2O$、电池级 $CoSO_4 \cdot 7H_2O$、电池级 $MnSO_4 \cdot H_2O$、纯水
测评专家	至少配备 1 名考评员，考评员要求有 3 年以上从事储能材料生产专业领域相关的工作经历或实训指导经历

（3）考核时量

90 分钟。

（4）操作工单

表 5-1-2 T-5-1 操作工单

任务名称	NCM111 前驱体金属液配制	
溶液浓度要求	1 mol/L	
溶液体积	250 mL	
所需金属盐的质量	1	$NiSO_4 \cdot 6H_2O$	21.7 g
	2	$CoSO_4 \cdot 7H_2O$	23.2 g
	3	$MnSO_4 \cdot H_2O$	13.9 g

（5）评价标准

表 5-1-3 T-5-1 评价标准

评价内容及评分		评 分 标 准	得分
操作规范（65分）	配制前准备（10分）	1. 检查所有仪器、设备和试剂(5分)； 2. 检查玻璃仪器是否洁净，如不洁净需清洗后使用(5分)	
	(Ni、Co、Mn)SO_4溶液的配制（55分）	1. 按要求开启、预热电子天平(5分)； 2. 按照操作工单要求，用电子天平称取定量的 $NiSO_4 \cdot 6H_2O$、$CoSO_4 \cdot 7H_2O$、$MnSO_4 \cdot H_2O$，投入 250 mL 的烧杯中(6分)； 3. 向烧杯中加入 150 mL 左右的纯水，用玻璃棒搅拌至晶体完全溶解(5分)； 4. 将(Ni、Co、Mn)SO_4 溶液用玻璃棒规范引流至 250 mL 容量瓶(5分)； 5. 使用纯水洗涤烧杯，将洗水引流至容量瓶中，重复此操作至少3次(5分)； 6. 向容量瓶中加纯水定容至 250 mL(5分)； 7. 盖上容量瓶盖子，将溶液规范摇匀(3分)； 8. 组装抽滤设备，铺好滤纸，加纯水打湿滤纸，用真空泵抽走滤纸与漏斗间的空气(5分)； 9. 使用抽滤装置过滤配好的溶液，之后转移溶液至烧杯中(5分)； 10. 在烧杯上贴溶液标签(5分)； 11. 清洗所有使用过的玻璃仪器，将含有重金属的洗液倒入废液桶(6分)	
溶液品质（15分）	化学成分（10分）	1. 用电子天平称量试剂数据准确(5分)； 2. 使用容量瓶定容准确(5分)	
	外观规格（5分）	溶液透明、澄清(5分)	

续表5-1-3

评价内容及评分		评 分 标 准	得分
职业素养 (20分)	安全操作 (10分)	1.包括用电、用水的安全，人的安全，使用粉体材料的安全，使用高温设备的操作的安全，遵守各类实验室安全操作规范等(5分)； 2.包括各类危险化学品生产管理的操作规范，应用储能行业各类技术的操作规范，特定试剂、仪器与设备的使用规定等(5分)	
	基本要求 (10分)	1.着装符合职业要求，考试不迟到、独立完成考核、不做与考试无关的事、服从考场安排(5分)； 2.符合相应职业岗位对员工的基本素养要求，具备良好的工作态度、工作作风与工作习惯，如工作条理清晰、工作环境保持整洁卫生等(5分)	
总分			

2.试题编号：T-5-2 NCM424 前驱体金属液配制

考核技能点编号：J-5-1、J-5-2、J-5-3

(1)任务描述

某储能材料生产企业的正极前驱体配液车间，采用(Ni、Co、Mn)SO_4 溶液为主要原料，要求溶液中 Ni^{2+}、Co^{2+}、Mn^{2+} 的浓度比为 4：2：4。本次操作为(Ni、Co、Mn)SO_4 的配制，请根据现场仪器设备、操作工单及化验器具、试剂配置一览，完成 250 mL 的(Ni、Co、Mn)SO_4 的配制，并填写记录单。

(Ni、Co、Mn)SO_4 成分具体要求如下：

①(Ni、Co、Mn)SO_4 浓度为 1 mol/L，其中 Ni^{2+}、Co^{2+}、Mn^{2+} 的浓度比为 1：1：1；

②$NiSO_4 \cdot 6H_2O$、$CoSO_4 \cdot 7H_2O$、$MnSO_4 \cdot H_2O$ 规格：均为电池级；

③水：纯水，水质电阻率≥15 MΩ·cm，溶解氧含量一般为 5～10 mg/L，最高含量不超过 14 mg/L。

(2)实施条件

表 5-2-1　T-5-2 实施条件

项 目	基 本 实 施 条 件
场地	先进材料技术研究中心
仪器设备、工具	电子分析天平、250 mL 烧杯 1 个、250 mL 容量瓶 1 个、玻璃棒、滤纸、80 mm 布氏漏斗 1 个、500 mL 抽滤瓶 1 个、抽滤塞 1 个、1 L 弯嘴壶 1 个、真空泵 1 台、油性签字笔 1 支，标签纸
材料、试剂	操作工单、电池级 $NiSO_4 \cdot 6H_2O$、电池级 $CoSO_4 \cdot 7H_2O$、电池级 $MnSO_4 \cdot H_2O$、纯水
测评专家	至少配备 1 名考评员，考评员要求有 3 年以上从事储能材料生产专业领域相关的工作经历或实训指导经历

（3）考核时量

90分钟。

（4）操作工单

表 5-2-2　T-5-2 操作工单

任务名称		NCM424 前驱体金属液配制
溶液浓度要求		1 mol/L
溶液体积		250 mL
所需金属盐的质量	1	$NiSO_4 \cdot 6H_2O$	26.3 g
	2	$CoSO_4 \cdot 7H_2O$	14.1 g
	3	$MnSO_4 \cdot H_2O$	16.9 g

（5）评价标准

表 5-2-3　T-5-2 评价标准

评价内容及评分		评 分 标 准	得分
操作规范 （65分）	配制前准备 （10分）	1. 检查所有仪器、设备和试剂（5分）； 2. 检查玻璃仪器是否洁净，如不洁净需清洗后使用（5分）	
	（Ni、Co、Mn）SO_4 溶液的配制 （55分）	1. 按要求开启、预热电子天平（5分）； 2. 按照操作工单要求，用电子天平称取定量的 $NiSO_4 \cdot 6H_2O$、$CoSO_4 \cdot 7H_2O$、$MnSO_4 \cdot H_2O$，投入 250 mL 烧杯中（6分）； 3. 向烧杯中加入 150 mL 左右的纯水，用玻璃棒搅拌至晶体完全溶解（5分）； 4. 将（Ni、Co、Mn）SO_4 溶液用玻璃棒规范引流至 250 mL 容量瓶（5分）； 5. 用纯水洗涤烧杯，将洗水引流至容量瓶中，重复此操作至少 3 次（5分）； 6. 向容量瓶中加纯水定容至 250 mL（5分）； 7. 盖上容量瓶盖子，将溶液规范摇匀（3分）； 8. 组装抽滤设备，铺好滤纸，加纯水打湿滤纸，用真空泵抽走滤纸与漏斗间的空气（5分）； 9. 使用抽滤装置过滤配好的溶液，之后转移溶液至烧杯中（5分）； 10. 在烧杯上贴溶液标签（5分）； 11. 清洗所有使用过的玻璃仪器，将含有重金属的洗液倒入废液桶（6分）	
溶液品质 （15分）	化学成分 （10分）	1. 用电子天平称量试剂数据准确（5分）； 2. 使用容量瓶定容准确（5分）	
	外观规格 （5分）	溶液透明、澄清（5分）	

续表5-2-3

评价内容及评分		评分标准	得分
职业素养（20分）	安全操作（10分）	1. 包括用电、用水的安全，人的安全，使用粉体材料的安全，使用高温设备的操作的安全，遵守各类实验室安全操作规范等（5分）； 2. 包括各类危险化学品生产管理的操作规范，应用储能行业各类技术的操作规范，特定试剂、仪器与设备的使用规定等（5分）	
	基本要求（10分）	1. 着装符合职业要求，考试不迟到、独立完成考核、不做与考试无关的事、服从考场安排（5分）； 2. 符合相应职业岗位对员工的基本素养要求，具备良好的工作态度、工作作风与工作习惯，如工作条理清晰、工作环境保持整洁卫生等（5分）	
总分			

3. 试题编号：T-5-3 NCM523 前驱体金属液配制

考核技能点编号：J-5-1、J-5-2、J-5-3

（1）任务描述

某储能材料生产企业的正极前驱体配液车间，采用（Ni、Co、Mn）SO_4 溶液为主要原料，要求溶液中 Ni^{2+}、Co^{2+}、Mn^{2+} 的浓度比为 5：2：3。本次操作为（Ni、Co、Mn）SO_4 的配制，请根据现场仪器设备、操作工单及化验器具、试剂配置一览，完成 250 mL 的（Ni、Co、Mn）SO_4 的配制，并填写记录单。

（Ni、Co、Mn）SO_4 成分具体要求如下：

①（Ni、Co、Mn）SO_4 浓度为 1 mol/L，其中 Ni^{2+}、Co^{2+}、Mn^{2+} 的浓度比为 1：1：1；

②$NiSO_4 \cdot 6H_2O$、$CoSO_4 \cdot 7H_2O$、$MnSO_4 \cdot H_2O$ 规格：均为电池级；

③水：纯水，水质电阻率≥15 MΩ·cm，溶解氧含量一般为 5~10 mg/L，最高含量不超过 14 mg/L。

（2）实施条件

表 5-3-1　T-5-3 实施条件

项目	基本实施条件
场地	先进材料技术研究中心
仪器设备、工具	电子分析天平、250 mL 烧杯 1 个、250 mL 容量瓶 1 个、玻璃棒、滤纸、80 mm 布氏漏斗 1 个、500 mL 抽滤瓶 1 个、抽滤塞 1 个、1 L 弯嘴壶 1 个、真空泵 1 台、油性签字笔 1 支，标签纸
材料、试剂	操作工单、电池级 $NiSO_4 \cdot 6H_2O$、电池级 $CoSO_4 \cdot 7H_2O$、电池级 $MnSO_4 \cdot H_2O$、纯水
测评专家	至少配备 1 名考评员，考评员要求有 3 年以上从事储能材料生产专业领域相关的工作经历或实训指导经历

（3）考核时量

90分钟。

（4）操作工单

表5-3-2　T-5-3操作工单

任务名称		NCM523前驱体金属液配制
溶液浓度要求		1 mol/L
溶液体积		250 mL
所需金属盐的质量	1	$NiSO_4 \cdot 6H_2O$	32.9 g
	2	$CoSO_4 \cdot 7H_2O$	14.1 g
	3	$MnSO_4 \cdot H_2O$	12.7 g

（5）评价标准

表5-3-3　T-5-3评价标准

评价内容及评分		评　分　标　准	得分
操作规范（65分）	配制前准备（10分）	1. 检查所有仪器、设备和试剂(5分)； 2. 检查玻璃仪器是否洁净，如不洁净需清洗后使用(5分)	
	（Ni、Co、Mn）SO_4溶液的配制（55分）	1. 按要求开启、预热电子天平(5分)； 2. 按照操作工单要求，用电子天平称取定量的 $NiSO_4 \cdot 6H_2O$、$CoSO_4 \cdot 7H_2O$、$MnSO_4 \cdot H_2O$，投入250 mL烧杯中(6分)； 3. 向烧杯中加入150 mL左右的纯水，用玻璃棒搅拌至晶体完全溶解(5分)； 4. 将(Ni、Co、Mn)SO_4溶液用玻璃棒规范引流至250 mL容量瓶(5分)； 5. 使用纯水洗涤烧杯，将洗水引流至容量瓶中，重复此操作至少3次(5分)； 6. 向容量瓶中加纯水定容至250 mL(5分)； 7. 盖上容量瓶盖子，将溶液规范摇匀(3分)； 8. 组装抽滤设备，铺好滤纸，加纯水打湿滤纸，用真空泵抽走滤纸与漏斗间的空气(5分)； 9. 使用抽滤装置过滤配好的溶液，之后转移溶液至烧杯中(5分)； 10. 在烧杯上贴溶液标签(5分)； 11. 清洗所有使用过的玻璃仪器，将含有重金属的洗液倒入废液桶(6分)	
溶液品质（15分）	化学成分（10分）	1. 用电子天平称量试剂数据准确(5分)； 2. 使用容量瓶定容准确(5分)	
	外观规格（5分）	溶液透明、澄清(5分)	

续表5-3-3

评价内容及评分		评分标准	得分
职业素养 (20分)	安全操作 (10分)	1. 包括用电、用水的安全，人的安全，使用粉体材料的安全，使用高温设备的操作的安全，遵守各类实验室安全操作规范等(5分)； 2. 包括各类危险化学品生产管理的操作规范，应用储能行业各类技术的操作规范，特定试剂、仪器与设备的使用规定等(5分)	
	基本要求 (10分)	1. 着装符合职业要求，考试不迟到、独立完成考核、不做与考试无关的事、服从考场安排(5分)； 2. 符合相应职业岗位对员工的基本素养要求，具备良好的工作态度、工作作风与工作习惯，如工作条理清晰、工作环境保持整洁卫生等(5分)	
总分			

4. 试题编号：T-5-4 NCM622前驱体金属液配制

考核技能点编号：J-5-1、J-5-2、J-5-3

(1) 任务描述

某储能材料生产企业的正极前驱体配液车间，采用 $(Ni、Co、Mn)SO_4$ 溶液为主要原料，要求溶液中 Ni^{2+}、Co^{2+}、Mn^{2+} 的浓度比为 $6:2:2$。本次操作为 $(Ni、Co、Mn)SO_4$ 的配制，请根据现场仪器设备、操作工单及化验器具、试剂配置一览，完成 250 mL 的 $(Ni、Co、Mn)SO_4$ 的配制，并填写记录单。

$(Ni、Co、Mn)SO_4$ 成分具体要求如下：

①$(Ni、Co、Mn)SO_4$ 浓度为 1 mol/L，其中 Ni^{2+}、Co^{2+}、Mn^{2+} 的浓度比为 $1:1:1$；

②$NiSO_4 \cdot 6H_2O$、$CoSO_4 \cdot 7H_2O$、$MnSO_4 \cdot H_2O$ 规格：均为电池级；

③水：纯水，水质电阻率≥15 MΩ·cm，溶解氧含量一般为 5~10 mg/L，最高含量不超过 14 mg/L。

(2) 实施条件

表 5-4-1　T-5-4 实施条件

项目	基本实施条件
场地	先进材料技术研究中心
仪器设备、工具	电子分析天平、250 mL 烧杯 1 个、250 mL 容量瓶 1 个、玻璃棒、滤纸、80 mm 布氏漏斗 1 个、500 mL 抽滤瓶 1 个、抽滤塞 1 个、1 L 弯嘴壶 1 个、真空泵 1 台、油性签字笔 1 支，标签纸
材料、试剂	操作工单、电池级 $NiSO_4 \cdot 6H_2O$、电池级 $CoSO_4 \cdot 7H_2O$、电池级 $MnSO_4 \cdot H_2O$、纯水
测评专家	至少配备 1 名考评员，考评员要求有 3 年以上从事储能材料生产专业领域相关的工作经历或实训指导经历

（3）考核时量

90分钟。

（4）操作工单

表 5-4-2　T-5-4 操作工单

任务名称		NCM622 前驱体金属液配制
溶液浓度要求		1 mol/L
溶液体积		250 mL
所需金属盐的质量	1	$NiSO_4 \cdot 6H_2O$	39.5 g
	2	$CoSO_4 \cdot 7H_2O$	14.1 g
	3	$MnSO_4 \cdot H_2O$	8.5 g

（5）评价标准

表 5-4-3　T-5-4 评价标准

评价内容及评分		评 分 标 准	得分
操作规范（65分）	配制前准备（10分）	1. 检查所有仪器、设备和试剂（5分）； 2. 检查玻璃仪器是否洁净，如不洁净需清洗后使用（5分）	
	（Ni、Co、Mn）SO_4 溶液的配制（55分）	1. 按要求开启、预热电子天平（5分）； 2. 按照操作工单要求，用电子天平称取定量的 $NiSO_4 \cdot 6H_2O$、$CoSO_4 \cdot 7H_2O$、$MnSO_4 \cdot H_2O$，投入 250 mL 的烧杯中（6分）； 3. 向烧杯中加入 150 mL 左右的纯水，用玻璃棒搅拌至晶体完全溶解（5分）； 4. 将（Ni、Co、Mn）SO_4 溶液用玻璃棒规范引流至 250 mL 容量瓶中（5分）； 5. 使用纯水洗涤烧杯，将洗水引流至容量瓶中，重复此操作至少 3 次（5分）； 6. 向容量瓶中加纯水定容至 250 mL（5分）； 7. 盖上容量瓶盖子，将溶液规范摇匀（3分）； 8. 组装抽滤设备，铺好滤纸，加纯水打湿滤纸，用真空泵抽走滤纸与漏斗间的空气（5分）； 9. 使用抽滤装置过滤配好的溶液，之后转移溶液至烧杯中（5分）； 10. 在烧杯上贴溶液标签（5分）； 11. 清洗所有使用过的玻璃仪器，将含有重金属的洗液倒入废液桶（6分）	
溶液品质（15分）	化学成分（10分）	1. 用电子天平称量试剂数据准确（5分）； 2. 使用容量瓶定容准确（5分）	
	外观规格（5分）	溶液透明、澄清（5分）	

续表5-4-3

评价内容及评分		评 分 标 准	得分
职业素养 (20分)	安全操作 (10分)	1. 包括用电、用水的安全，人的安全，使用粉体材料的安全，使用高温设备的操作的安全，遵守各类实验室安全操作规范等(5分)； 2. 包括各类危险化学品生产管理的操作规范，应用储能行业各类技术的操作规范，特定试剂、仪器与设备的使用规定等(5分)	
	基本要求 (10分)	1. 着装符合职业要求，考试不迟到、独立完成考核、不做与考试无关的事、服从考场安排(5分)； 2. 符合相应职业岗位对员工的基本素养要求，具备良好的工作态度、工作作风与工作习惯，如工作条理清晰、工作环境保持整洁卫生等(5分)	
总分			

5. 试题编号：T-5-5 NCM811 前驱体金属液配制

考核技能点编号：J-5-1、J-5-2、J-5-3

(1)任务描述

某储能材料生产企业的正极前驱体配液车间，采用(Ni、Co、Mn)SO_4 溶液为主要原料，要求溶液中 Ni^{2+}、Co^{2+}、Mn^{2+} 的浓度比为 6∶2∶2。本次操作为(Ni、Co、Mn)SO_4 的配制，请根据现场仪器设备、操作工单及化验器具、试剂配置一览，完成 250 mL 的(Ni、Co、Mn)SO_4 的配制，并填写记录单。

(Ni、Co、Mn)SO_4 成分具体要求如下：

①(Ni、Co、Mn)SO_4 浓度为 1 mol/L，其中 Ni^{2+}、Co^{2+}、Mn^{2+} 的浓度比为 1∶1∶1；

②$NiSO_4 \cdot 6H_2O$、$CoSO_4 \cdot 7H_2O$、$MnSO_4 \cdot H_2O$ 规格：均为电池级；

③水：纯水，水质电阻率≥15 MΩ·cm，溶解氧含量一般为 5~10 mg/L，最高含量不超过 14 mg/L。

(2)实施条件

表 5-5-1　T-5-5 实施条件

项目	基 本 实 施 条 件
场地	先进材料技术研究中心
仪器设备、工具	电子分析天平、250 mL 烧杯 1 个、250 mL 容量瓶 1 个、玻璃棒、滤纸、80 mm 布氏漏斗 1 个、500 mL 抽滤瓶 1 个、抽滤塞 1 个、1 L 弯嘴壶 1 个、真空泵 1 台、油性签字笔 1 支，标签纸
材料、试剂	操作工单、电池级 $NiSO_4 \cdot 6H_2O$、电池级 $CoSO_4 \cdot 7H_2O$、电池级 $MnSO_4 \cdot H_2O$、纯水
测评专家	至少配备 1 名考评员，考评员要求有 3 年以上从事储能材料生产专业领域相关的工作经历或实训指导经历

（3）考核时量

90 分钟。

（4）操作工单

表 5-5-2　T-5-5 操作工单

任务名称		NCM811 前驱体金属液配制
溶液浓度要求		1 mol/L
溶液体积		250 mL
所需金属盐的质量	1	$NiSO_4 \cdot 6H_2O$	52.6 g
	2	$CoSO_4 \cdot 7H_2O$	7.0 g
	3	$MnSO_4 \cdot H_2O$	4.2 g

（5）评价标准

表 5-5-3　T-5-5 评价标准

评价内容及评分		评　分　标　准	得分
操作规范（65分）	配制前准备（10分）	1. 检查所有仪器、设备和试剂(5分)； 2. 检查玻璃仪器是否洁净，如不洁净需清洗后使用(5分)	
	（Ni、Co、Mn）SO_4溶液的配制（55分）	1. 按要求开启、预热电子天平(5分)； 2. 按照操作工单要求，用电子天平称取定量的 $NiSO_4 \cdot 6H_2O$、$CoSO_4 \cdot 7H_2O$、$MnSO_4 \cdot H_2O$，投入 250 mL 的烧杯中(6分)； 3. 向烧杯中加入 150 mL 左右的纯水，用玻璃棒搅拌至晶体完全溶解(5分)； 4. 将(Ni、Co、Mn)SO_4 溶液用玻璃棒规范引流至 250 mL 容量瓶中(5分)； 5. 使用纯水洗涤烧杯，将洗水引流至容量瓶中，重复此操作至少3 次(5分)； 6. 向容量瓶中加纯水定容至 250 mL(5分)； 7. 盖上容量瓶盖子，将溶液规范摇匀(3分)； 8. 组装抽滤设备，铺好滤纸，加纯水打湿滤纸，用真空泵抽走滤纸与漏斗间的空气(5分)； 9. 使用抽滤装置过滤配好的溶液，之后转移溶液至烧杯中(5分)； 10. 在烧杯上贴溶液标签(5分)； 11. 清洗所有使用过的玻璃仪器，将含有重金属的洗液倒入废液桶(6分)	
溶液品质（15分）	化学成分（10分）	1. 用电子天平称量试剂数据准确(5分)； 2. 使用容量瓶定容准确(5分)	
	外观规格（5分）	溶液透明、澄清(5分)	

续表5-5-3

评价内容及评分		评 分 标 准	得分
职业素养 （20分）	安全操作 （10分）	1.包括用电、用水的安全，人的安全，使用粉体材料的安全，使用高温设备的操作的安全，遵守各类实验室安全操作规范等（5分）； 2.包括各类危险化学品生产管理的操作规范，应用储能行业各类技术的操作规范，特定试剂、仪器与设备的使用规定等（5分）	
	基本要求 （10分）	1.着装符合职业要求，考试不迟到、独立完成考核、不做与考试无关的事、服从考场安排（5分）； 2.符合相应职业岗位对员工的基本素养要求，具备良好的工作态度、工作作风与工作习惯，如工作条理清晰、工作环境保持整洁卫生等（5分）	
总分			

6.试题编号：T-5-6 NCM111前驱体碱液配制

考核技能点编号：J-5-1、J-5-2、J-5-4

（1）任务描述

某储能材料生产企业的正极前驱体配液车间，采用 NaOH 溶液为碱液。本次操作为 NaOH 溶液的配制，请根据现场仪器设备、操作工单及化验器具、试剂配置一览，完成 250 mL NaOH 溶液的配制。

NaOH 溶液成分具体要求如下：

①NaOH 溶液浓度为 2 mol/L；

②NaOH 规格：分析纯；

③水：纯水，水质电阻率≥15 MΩ·cm，溶解氧含量一般为 5~10 mg/L，最高含量不超过 14 mg/L。

（2）实施条件

表 5-6-1　T-5-6 实施条件

项 目	基 本 实 施 条 件
场地	先进材料技术研究中心
仪器设备、工具	电子分析天平、250 mL 烧杯 1 个、250 mL 容量瓶 1 个、玻璃棒、玻璃纤维滤布、80 mm 布氏漏斗 1 个、500 mL 抽滤瓶 1 个、抽滤塞 1 个、1 L 弯嘴壶 1 个、真空泵 1 台、油性签字笔 1 支，标签纸
材料、试剂	操作工单、分析纯 NaOH 晶体、纯水
测评专家	至少配备 1 名考评员，考评员要求有 3 年以上从事储能材料生产专业领域相关的工作经历或实训指导经历

（3）考核时量

90 分钟。

（4）操作工单

表 5-6-2　T-5-6 操作工单

任务名称	NCM111 前驱体碱液配制
溶液浓度要求	2 mol/L
溶液体积	250 mL
NaOH 质量	20 g

（5）评价标准

表 5-6-3　T-5-6 评价标准

评价内容及评分		评 分 标 准	得分
操作规范 （65 分）	配制前准备 （10 分）	1. 检查所有仪器、设备和试剂（5 分）； 2. 检查玻璃仪器是否洁净，如不洁净需清洗后使用（5 分）	
	NaOH 溶液的配制 （55 分）	1. 按要求开启、预热电子天平（5 分）； 2. 按照操作工单要求，用电子天平称取定量的 NaOH，投入 250 mL 的烧杯中（6 分）； 3. 向烧杯中加入 150 mL 左右的纯水，用玻璃棒搅拌至晶体完全溶解（5 分）； 4. 将 NaOH 溶液用玻璃棒规范引流至 250 mL 容量瓶中（5 分）； 5. 使用纯水洗涤烧杯，将洗水引流至容量瓶中，重复此操作至少 3 次（5 分）； 6. 向容量瓶中加纯水定容至 250 mL（5 分）； 7. 盖上容量瓶盖子，将溶液规范摇匀（3 分）； 8. 组装抽滤设备，铺好滤纸，加纯水打湿滤纸，用真空泵抽走滤纸与漏斗间的空气（5 分）； 9. 使用抽滤装置过滤配好的溶液，之后转移溶液至烧杯中（5 分）； 10. 在烧杯上贴溶液标签（5 分）； 11. 清洗所有使用过的玻璃仪器，将含有强碱的洗液倒入废液桶（6 分）	
溶液品质 （15 分）	化学成分 （10 分）	1. 用电子天平称量试剂数据准确（5 分）； 2. 使用容量瓶定容准确（5 分）	
	外观规格 （5 分）	溶液透明、澄清（5 分）	

续表5-6-3

评价内容及评分		评 分 标 准	得分
职业素养 (20分)	安全操作 (10分)	1.包括用电、用水的安全，人的安全，使用粉体材料的安全，使用高温设备的操作的安全，遵守各类实验室安全操作规范等(5分)； 2.包括各类危险化学品生产管理的操作规范，应用储能行业各类技术的操作规范，特定试剂、仪器与设备的使用规定等(5分)	
	基本要求 (10分)	1.着装符合职业要求，考试不迟到、独立完成考核、不做与考试无关的事、服从考场安排(5分)； 2.符合相应职业岗位对员工的基本素养要求，具备良好的工作态度、工作作风与工作习惯，如工作条理清晰、工作环境保持整洁卫生等(5分)	
总分			

7.试题编号：T-5-7 NCM111 前驱体络合剂配制

考核技能点编号：J-5-1、J-5-2、J-5-3

(1)任务描述

某储能材料生产企业的正极前驱体配液车间，采用氨水溶液为络合剂。本次操作为 $(NH_4)_2SO_4$(替代氨水)溶液的配制，请根据现场仪器设备、操作工单及化验器具、试剂配置一览，完成 250 mL $(NH_4)_2SO_4$ 溶液的配制，并填写记录单。

$(NH_4)_2SO_4$ 溶液成分具体要求如下：

①$(NH_4)_2SO_4$ 溶液浓度为 2 mol/L；

②$(NH_4)_2SO_4$ 规格：分析纯；

③水：纯水，水质电阻率≥15 MΩ·cm，溶解氧含量一般为 5~10 mg/L，最高含量不超过 14 mg/L。

(2)实施条件

表 5-7-1　T-5-7 实施条件

项 目	基 本 实 施 条 件
场地	先进材料技术研究中心
仪器设备、工具	电子分析天平、250 mL 烧杯 1 个、250 mL 容量瓶 1 个、玻璃棒、耐碱滤纸、80 mm 布氏漏斗 1 个、500 mL 抽滤瓶 1 个、抽滤塞 1 个、1 L 弯嘴壶 1 个、真空泵 1 台、油性签字笔 1 支，标签纸
材料、试剂	操作工单、分析纯$(NH_4)_2SO_4$ 晶体、纯水
测评专家	至少配备 1 名考评员，考评员要求有 3 年以上从事储能材料生产专业领域相关的工作经历或实训指导经历

（3）考核时量

90 分钟。

（4）操作工单

表 5-7-2 T-5-7 操作工单

任务名称	NCM111 前驱体络合剂配制
溶液浓度要求	2 mol/L
溶液体积	250 mL
$(NH_4)_2SO_4$ 质量	66 g

（5）评价标准

表 5-7-3 T-5-7 评价标准

评价内容及评分		评 分 标 准	得分
操作规范 （65 分）	配制前准备 （10 分）	1. 检查所有仪器、设备和试剂（5 分）； 2. 检查玻璃仪器是否洁净，如不洁净需清洗后使用（5 分）	
	$(NH_4)_2SO_4$ 溶液的配制 （55 分）	1. 按要求开启、预热电子天平（5 分）； 2. 按照操作工单要求，用电子天平称取定量的 $(NH_4)_2SO_4$，投入 250 mL 的烧杯中（6 分）； 3. 向烧杯中加入 150 mL 左右的纯水，用玻璃棒搅拌至晶体完全溶解（5 分）； 4. 将 $(NH_4)_2SO_4$ 溶液用玻璃棒规范引流至 250 mL 容量瓶中（5 分）； 5. 用纯水洗涤烧杯，将洗水引流至容量瓶中，重复此操作至少 3 次（5 分）； 6. 向容量瓶中加纯水定容至 250 mL（5 分）； 7. 盖上容量瓶盖子，将溶液规范摇匀（3 分）； 8. 组装抽滤设备，铺好滤纸，加纯水打湿滤纸，用真空泵抽走滤纸与漏斗间的空气（5 分）； 9. 使用抽滤装置过滤配好的溶液，之后转移溶液至烧杯中（5 分）； 10. 在烧杯上贴溶液标签（5 分）； 11. 清洗所有使用过的玻璃仪器，将含有强碱的洗液倒入废液桶（6 分）	
溶液品质 （15 分）	化学成分 （10 分）	1. 用电子天平称量试剂数据准确（5 分）； 2. 使用容量瓶定容准确（5 分）	
	外观规格 （5 分）	溶液透明、澄清（5 分）	

续表5-7-3

评价内容及评分		评 分 标 准	得分
职业素养 (20分)	安全操作 (10分)	1.包括用电、用水的安全,人的安全,使用粉体材料的安全,使用高温设备的操作的安全,遵守各类实验室安全操作规范等(5分); 2.包括各类危险化学品生产管理的操作规范,应用储能行业各类技术的操作规范,特定试剂、仪器与设备的使用规定等(5分)	
	基本要求 (10分)	1.着装符合职业要求,考试不迟到、独立完成考核、不做与考试无关的事、服从考场安排(5分); 2.符合相应职业岗位对员工的基本素养要求,具备良好的工作态度、工作作风与工作习惯,如工作条理清晰、工作环境保持整洁卫生等(5分)	
总分			

8.试题编号:T-5-8 合成-pH计校正及使用

考核技能点编号:J-5-5

(1)任务描述

某储能材料生产企业的正极前驱体合成车间,需要在合成过程中进行溶液pH测定,以确保前驱体质量和产量。本次操作为上海雷磁pH计校正。请根据现场仪器设备及化验器具、试剂配置一览,完成上海雷磁pH计校正,并填写记录单。

(2)实施条件

表5-8-1　T-5-8实施条件

项 目	基 本 实 施 条 件
场地	正极前驱体生产实训室
仪器设备	上海雷磁pHSJ-4A实验室pH计、100 mL烧杯2个、洗瓶1个(500 mL烧杯)
材料、试剂、工具、人员	记录单、笔、纯水、滤纸条、pH为6.86的标准溶液、pH为9.18的标准溶液、待测溶液5瓶
测评专家	至少配备1名考评员,考评员要求有3年以上从事储能材料生产专业领域相关的工作经历或实训指导经历

(3)考核时量

90分钟。

(4)操作记录单

表 5-8-2　T-5-8 操作记录单

等电位点选择	ISO	
—	测量温度	pH
pH 计检核 校核点 1 （标准溶液 pH=6.86）		
校核点 2 （标准溶液 pH=9.18）		
检核斜率		
—	测量温度	pH
待测溶液 pH 的测定 待测溶液 1		
待测溶液 2		
待测溶液 3		
待测溶液 4		
待测溶液 5		

（5）评价标准

表 5-8-3　T-5-8 评价标准

评价内容及评分		评 分 标 准	得分
操作规范 （80分）	校正前准备 （10分）	1. 检查所有仪器、设备和试剂（5分）； 2. 检查玻璃仪器是否洁净，如不洁净需清洗后使用（5分）	
	校正操作 （50分）	1. 给 pH 计接通电源，按"ON/OFF"开关打开仪器，预热2分钟再进行下一步的操作（5分）； 2. 按"等电位点"按钮，选择"ISO：7.000"档位（5分）； 3. 取下复合电极保护套，用纯水冲洗干净，并用滤纸条擦干（5分）； 3. 按"校核"按钮，把清洗过的电极插入 pH=6.86 的标准缓冲溶液中，待读数稳定后按"确认"键使读数为该溶液当时温度下的 pH 值，仪器将提示第一点校核完毕（8分）； 4. 用纯水冲洗干净复合电极，并用滤纸条擦干（5分）； 5. 按"校核"按钮，显示器出现校核点2，把清洗过的电极插入 pH=9.18 的标准缓冲溶液中，待读数稳定后按"确认"键，显示器将提示校核完毕，出现校核的斜率（8分）； 6. 观察设备给出的校核斜率并记录在记录表上，如此斜率小于85%，则需示意考官更换电极，电极更换后需要重新校核（5分）； 7. 按"pH"按钮，设备进入测量状态，依次测量所给5种待测溶液，每次测量完成都要清洗复合电极并擦干后再使用，完成测量要在记录表上记录测量的数据（9分）	

续表5-8-3

评价内容及评分		评 分 标 准	得分
操作规范 (80分)	校正后操作 (20分)	1. 用蒸馏水清洗电极后，放入饱和氯化钾溶液中(5分)； 2. 关闭 pHS-3C/E/F/G 计开关(2分)； 3. 切断电源(3分)； 4. 场地清理(10分)	
职业素养 (20分)	安全操作 (10分)	1. 包括用电、用水的安全，人的安全，使用粉体材料的安全，使用高温设备的操作的安全，遵守各类实验室安全操作规范等(5分)； 2. 包括各类危险化学品生产管理的操作规范，应用储能行业各类技术的操作规范，特定试剂、仪器与设备的使用规定等(5分)	
	基本要求 (10分)	1. 着装符合职业要求，考试不迟到、独立完成考核、不做与考试无关的事、服从考场安排(5分)； 2. 符合相应职业岗位对员工的基本素养要求，具备良好的工作态度、工作作风与工作习惯，如工作条理清晰、工作环境保持整洁卫生等(5分)	
总分			

项目6 储能材料制备现场操作

1. 试题编号：T-6-1 $LiCoO_2$ 正极材料制备的混料操作

考核技能点编号：J-6-1

(1)任务描述

某储能正极材料生产企业采用高温固相法生产 $LiCoO_2$ 正极材料。请利用现场球磨机、天平及其他设备和工具，完成 $LiCoO_2$ 正极材料的混料工序操作。

(2)实施条件

表6-1-1　T-6-1 实施条件

项目	基 本 实 施 条 件
场地	储能正极材料实训室
仪器设备	球磨机1台，球磨罐2个，球磨用锆珠若干，不锈钢托盘1个，40目筛网1个，毛刷1把，电子天平1台/工位，操作工单1套
材料、工具、人员	氧化钴、电池级 Li_2CO_3，取样勺，标签纸，笔1支
测评专家	每台装置配备1名考评员，考评员要求有3年以上储能材料相关工作经历或实训指导经历

(3)考核时量

120分钟。

(4)评价标准

表 6-1-2 T-6-1 评价标准

评价内容及评分		评 分 标 准	得分
操作规范 （80分）	作业前准备 （30分）	1. 检查所有仪表、设备和相关工具（5分）； 2. 按照操作工单要求，选择需要的原料（5分），按照工单对原料质量的要求，称量所需物料（5分）； 3. 按照 1∶1 的球料比，根据所称取的物料重量，称取适当重量的锆球，其中大中小球重量比约为 2∶5∶3（5分）； 4. 将锆球及物料依次加入清洗干净的球磨罐，将球磨罐盖子盖好（5分）； 5. 另取一球磨罐，向其中加入锆球，使二者总重量与上述装有物料的球磨罐总重量相等，作为平衡球磨罐备用（5分）	
	球磨混料 操作 （35分）	1. 装罐操作：将装好球和物料的球磨罐放置在磨罐座内，将平衡球磨罐置于其对侧位置（2分）； 2. 固定操作：将磨罐座顶紧装置横梁嵌入到相应位置，将顶杆拧紧，使两个球磨罐固定在磨罐座内（5分），并拧紧防松螺丝，使整个装置处于顶紧状态（5分）； 3. 混料运行：设置好参数（5分），盖紧机盖，启动设备，缓慢将调速旋钮调节至设定转速，开始运行（4分）； 4. 运行检查：设备高速运行 3 分钟后，停止运行并打开机盖，检查是否出现松动情况，出现松动则需进行加固，若无松动迹象则调回实需转速继续完成混料（4分）； 5. 卸罐关机：球磨完成后，待球磨机彻底停止运行，关闭电源（5分），拧开固定装置，将球磨罐卸下（5分）	
	筛分操作 （10分）	1. 分别取对应物料的 40 目筛网和不锈钢托盘各一个，并将 40 目筛网置于不锈钢托盘上方，打开球磨罐，将物料和球一起倒在筛网上（4分）； 2. 用毛刷反复刷动筛网的锆球和物料，确保大部分物料可透过筛网落于不锈钢托盘内（3分）； 3. 将物料转移至自封袋内，贴好标签，待用（3分）	
	现场清理 （5分）	1. 关闭所有开关（1分）； 2. 设施、设备清理干净；各工具仪表归位（4分）	
职业素养 （20分）		1. 着装符合实训室要求（实训服，严禁穿拖鞋）（5分）； 2. 执行 6S 要求，保持操作环境整齐、清洁，包括仪器设备、实验材料以及台面整理（5分）； 3. 严格遵守实训室安全操作规范，正确使用仪器（5分）； 4. 具有职业素养，文明礼貌，服从安排（5分）	
安全文明 否决		造成人身、设备重大事故，或恶意顶撞考官、严重扰乱考场秩序的，立即终止考试，此题计 0 分	
总分			

2. 试题编号：T-6-2 LiCoO₂ 正极材料制备的煅烧操作

考核技能点编号：J-6-2

（1）任务描述

采用高温固相法生产 LiCoO₂ 正极材料，请利用现场气氛炉及其他必要设备、阀门、仪表一览，完成 LiCoO₂ 正极材料高温固相法煅烧工序的操作。

（2）实施条件

表 6-2-1 T-6-2 实施条件

项 目	基 本 实 施 条 件
场地	储能正极材料实训室
仪器设备	氮气气氛炉 1 台，刚玉烧钵 1 个，米尺 1 把，电子天平 1 台/工位
材料、工具、人员	氧化钴、电池级 Li₂CO₃ 混合料，塑料刮板 1 块，计算器，纸张，笔 1 支，助手 1 名
测评专家	每台装置配备 1 名考评员，考评员要求有 3 年以上储能材料相关工作经历或实训指导经历

（3）考核时量

120 分钟。

（4）评价标准

表 6-2-2 T-6-2 评价标准

评价内容及评分		评 分 标 准	得分
操作规范（65 分）	作业前准备（10 分）	1. 检查所有仪表、设备和附属设备（2 分）； 2. 检查水、电、管道等（3 分）； 3. 检查所有开关、冷却系统（5 分）	
	煅烧炉操作（50 分）	1. 称料操作：按照要求称量一定质量的 Co₃O₄、电池级 Li₂CO₃ 混合料（5 分）； 2. 装钵操作：将混合料装入到刚玉烧钵中，并将物料表面处理平整（5 分），然后用专用工具隔成方格（5 分）； 3. 入炉操作：将匣钵放入气氛炉中（5 分）； 4. 煅烧操作：打开无油气体压缩机，调节空气流量至要求的空气鼓入量（5 分）；打开冷却水系统，调节冷却水流量至合适值（5 分），按照规定的温度曲线设置气氛炉的运行参数（5 分），启动电源，开始程序升温（5 分）； 5. 停炉：关闭电源停止升温，关闭冷却水系统（5 分）；关闭无油气体压缩机电源开关，停止鼓入空气，自然冷却至室温（5 分）	
	停炉后操作（20 分）	1. 做好相关器具（5 分）及窑炉清洁工作（5 分）； 2. 各工具仪表归位（5 分）； 3. 关闭水电总开关（5 分）	

续表6-2-2

评价内容及评分	评 分 标 准	得分
职业素养 (20分)	1.着装符合实训室要求(实训服,实训帽,严禁穿拖鞋)(5分); 2.执行6S要求,保持操作环境整齐、清洁,包括仪器设备、实验材料以及台面整理(5分); 3.严格遵守实训室安全操作规范,正确使用仪器(5分); 4.具有职业素养,文明礼貌,服从安排(5分)	
安全文明 否决	造成人身、设备重大事故,或恶意顶撞考官、严重扰乱考场秩序的,立即终止考试,此题计0分	
总分		

3.试题编号：T-6-3 $LiMn_2O_4$ 正极材料制备的混料操作

考核技能点编号：J-6-1

(1)任务描述

某储能正极材料生产企业采用高温固相法生产 $LiMn_2O_4$ 正极材料。请利用现场球磨机、天平及其他设备和工具,完成 $LiMn_2O_4$ 正极材料的混料工序操作。

(2)实施条件

表 6-3-1　T-6-3 实施条件

项 目	基 本 实 施 条 件
场地	储能正极材料实训室
仪器设备	球磨机1台,球磨罐2个,球磨用锆珠若干,不锈钢托盘1个,40目筛网1个,毛刷1把,电子天平1台/工位,操作工单1套。
材料、工具、人员	MnO_2、电池级 Li_2CO_3,取样勺,标签纸,笔1支
测评专家	每台装置配备1名考评员,考评员要求有3年以上储能材料相关工作经历或实训指导经历

(3)考核时量

120分钟。

(4)评价标准

表 6-3-2　T-6-3 评价标准

评价内容及评分		评 分 标 准	得分
操作规范 （80分）	作业前准备 （30分）	1.检查所有仪表、设备和相关工具(5分)； 2.按照操作工单要求，选择需要的原料(5分)，按照工单对原料质量的要求，称量所需物料(5分)； 3.按照1∶1的球料比，根据所称取的物料重量，称取适当重量的锆球，其中大中小球重量比约为2∶5∶3(5分)； 4.将锆球及物料依次加入清洗干净的球磨罐，将球磨罐盖子盖好(5分)； 5.另取一球磨罐，向其中加入锆球，使二者总重量与上述装有物料的球磨罐总重量相等，作为平衡球磨罐备用(5分)	
	球磨混料操作 （35分）	1.装罐操作：将装好球和物料的球磨罐放置在磨罐座内，将平衡球磨罐置于其对侧位置(2分)； 2.固定操作：将磨罐座顶紧装置横梁嵌入到相应位置，将顶杆拧紧，使两个球磨罐固定在磨罐座内(5分)，并拧紧防松螺丝，使整个装置处于顶紧状态(5分)； 3.混料运行：设置好参数(5分)，盖紧机盖，启动设备，缓慢将调速旋钮调节至设定转速，开始运行(4分)； 4.运行检查：设备高速运行3分钟后，停止运行并打开机盖，检查是否出现松动情况，出现松动则需进行加固，若无松动迹象则调回实需转速继续完成混料(4分)； 5.卸罐关机：球磨完成后，待球磨机彻底停止运行，关闭电源(5分)，拧开固定装置，将球磨罐卸下(5分)	
	筛分操作 （10分）	1.分别取对应物料的40目筛网和不锈钢托盘各1个，并将40目筛网置于不锈钢托盘上方，打开球磨罐，将物料和球一起倒在筛网上(4分)； 2.用毛刷反复刷动筛网的锆球和物料，确保大部分物料可透过筛网落于不锈钢托盘内(3分)； 3.将物料转移至自封袋内，贴好标签，待用(3分)	
	现场清理 （5分）	1.关闭所有开关(1分)； 2.设施、设备清理干净；各工具仪表归位(4分)	
职业素养 （20分）		1.着装符合实训室要求(实训服，严禁穿拖鞋)(5分)； 2.执行6S要求，保持操作环境整齐、清洁，包括仪器设备、实验材料以及台面整理(5分)； 3.严格遵守实训室安全操作规范，正确使用仪器(5分)； 4.具有职业素养，文明礼貌，服从安排(5分)	
安全文明 否决		造成人身、设备重大事故，或恶意顶撞考官、严重扰乱考场秩序的，立即终止考试，此题计0分	
总分			

4.试题编号：T-6-4 LiMn$_2$O$_4$ 正极材料制备的煅烧操作

考核技能点编号：J-6-2

（1）任务描述

现采用高温固相法生产 LiMn$_2$O$_4$ 正极材料，请利用现场气氛炉及其他必要设备、阀门、仪表一览，完成 LiMn$_2$O$_4$ 正极材料高温固相法煅烧工序的操作。

（2）实施条件

表 6-4-1　T-6-4 实施条件

项　目	基 本 实 施 条 件
场地	储能正极材料实训室
仪器设备	氮气气氛炉 1 台，刚玉烧钵 1 个，米尺 1 把，电子天平 1 台/工位
材料、工具、人员	MnO$_2$、电池级 Li$_2$CO$_3$ 混合料，塑料刮板 1 块，计算器，纸张，笔 1 支，助手 1 名
测评专家	每台装置配备 1 名考评员，考评员要求有 3 年以上储能材料相关工作经历或实训指导经历

（3）考核时量

120 分钟。

（4）评价标准

表 6-4-2　T-6-4 评价标准

评价内容及评分		评 分 标 准	得分
操作规范（80 分）	作业前准备（10 分）	1.检查所有仪表、设备和附属设备(2分)； 2.检查水、电、管道等(3分)； 3.检查所有开关、冷却系统(5分)	
	煅烧炉操作（50 分）	1.称料操作：按照要求称量一定质量的 MnO$_2$、电池级 Li$_2$CO$_3$ 混合料(5分)； 2.装钵操作：将混合料装入到刚玉烧钵中，并将物料表面处理平整(5分)，然后用专用工具隔成方格(5分)； 3.入炉操作：将匣钵放入气氛炉中(5分)； 4.煅烧操作：打开无油气体压缩机，调节空气流量至要求的空气鼓入量(5分)；打开冷却水系统，调节冷却水流量至合适值(5分)，按照规定的温度曲线设置气氛炉的运行参数(5分)，启动电源，开始程序升温(5分)； 5.停炉：关闭电源停止升温，关闭冷却水系统(5分)；关闭无油气体压缩机电源开关，停止鼓入空气，自然冷却至室温(5分)	
	停炉后操作（20 分）	1.做好相关器具(5分)及窑炉清洁工作(5分)； 2.各工具仪表归位(5分)； 3.关闭水电总开关(5分)	

续表6-4-2

评价内容及评分	评 分 标 准	得分
职业素养 (20分)	1. 着装符合实训室要求(实训服,实训帽,严禁穿拖鞋)(5分); 2. 执行6S要求,保持操作环境整齐、清洁,包括仪器设备、实验材料以及台面整理(5分); 3. 严格遵守实训室安全操作规范,正确使用仪器(5分); 4. 具有职业素养,文明礼貌,服从安排(5分)	
安全文明 否决	造成人身、设备重大事故,或恶意顶撞考官、严重扰乱考场秩序的,立即终止考试,此题计0分	
总分		

5. 试题编号：T-6-5 NCM523 三元正极材料制备的混料操作

考核技能点编号：J-6-1

(1)任务描述

现采用 NCM523 三元前驱体与电池 Li_2CO_3 生产 NCM523 三元正极材料。请利用现场球磨机、天平及其他设备和工具,完成 NCM523 三元正极材料混料工序的操作。

(2)实施条件

表6-5-1　T-6-5实施条件

项 目	基 本 实 施 条 件
场地	储能正极材料实训室
仪器设备	球磨机1台,球磨罐2个,球磨用锆珠若干,不锈钢托盘1个,40目筛网1个,毛刷1把,电子天平1台/工位,操作工单1套
材料、工具、人员	NCM523三元前驱体、电池级 Li_2CO_3,取样勺,标签纸,笔1支
测评专家	每台装置配备1名考评员,考评员要求有3年以上储能材料相关工作经历或实训指导经历

(3)考核时量

120分钟。

(4)评价标准

表 6-5-2 T-6-5 评价标准

评价内容及评分		评 分 标 准	得分
操作规范 (80分)	作业前准备 (30分)	1. 检查所有仪表、设备和相关工具(5分); 2. 按照操作工单要求,选择需要的原料(5分),按照工单对原料质量的要求,称量所需物料(5分); 3. 按照1∶1的球料比,根据所称取的物料重量,称取适当重量的锆球,其中大中小球重量比约为2∶5∶3(5分); 4. 将锆球及物料依次加入清洗干净的球磨罐中,将球磨罐盖子盖好(5分); 5. 另取一球磨罐,向其中加入锆球,使二者总重量与上述装有物料的球磨罐总重量相等,作为平衡球磨罐备用(5分)	
	球磨混料 操作 (35分)	1. 装罐操作:将装好球和物料的球磨罐放置在磨罐座内,将平衡球磨罐置于其对侧(2分); 2. 固定操作:将磨罐座顶紧装置横梁嵌入到相应位置,将顶杆拧紧,使两个球磨罐固定在磨罐座内(5分),并拧紧防松螺丝,使整个装置处于顶紧状态(5分); 3. 混料运行:设置好参数(5分),盖紧机盖,启动设备,缓慢将调速旋钮调节至设定转速,开始运行(4分); 4. 运行检查:设备高速运行3分钟后,停止运行并打开机盖,检查是否出现松动情况,出现松动则需进行加固,若无松动迹象则调回实需转速继续完成混料(4分); 5. 卸罐关机:球磨完成后,待球磨机彻底停止运行,关闭电源(5分),拧开固定装置,将球磨罐卸下(5分)	
	筛分操作 (10分)	1. 分别取对应物料的40目筛网和不锈钢托盘各1个,并将40目筛网置于不锈钢托盘上方,打开球磨罐,将物料和球一起倒在筛网上(4分); 2. 用毛刷反复刷动筛网的锆球和物料,确保大部分物料可透过筛网落于不锈钢托盘内(3分); 3. 将物料转移至自封袋内,贴好标签,待用(3分)	
	现场清理 (5分)	1. 关闭所有开关(1分); 2. 设施、设备清理干净;各工具仪表归位(4分)	
职业素养 (20分)		1. 着装符合实训室要求(实训服,严禁穿拖鞋)(5分); 2. 执行6S要求,保持操作环境整齐、清洁,包括仪器设备、实验材料以及台面整理(5分); 3. 严格遵守实训室安全操作规范,正确使用仪器(5分); 4. 具有职业素养,文明礼貌,服从安排(5分)	
安全文明 否决		造成人身、设备重大事故,或恶意顶撞考官、严重扰乱考场秩序的,立即终止考试,此题计0分	
总分			

6. 试题编号：T-6-6 掺杂 NCM523 三元正极材料制备的混料操作

考核技能点编号：J-6-3

(1) 任务描述

现采用 NCM523 三元前驱体与电池级 Li_2CO_3 及 $Al(OH)_3$ 添加剂生产掺杂 Al 元素的 NCM523 三元正极材料。请利用现场球磨机、天平及其他设备和工具，完成掺杂 Al 元素的 NCM523 三元正极材料制备的混料操作。

(2) 实施条件

表 6-6-1　T-6-6 实施条件

项　目	基 本 实 施 条 件
场地	储能正极材料实训室
仪器设备	球磨机 1 台，球磨罐 2 个，球磨用锆珠若干，不锈钢托盘 1 个，40 目筛网 1 个，毛刷 1 把，电子天平 1 台/工位，操作工单 1 套
材料、工具、人员	NCM523 三元前驱体、$Al(OH)_3$ 添加剂、电池级 Li_2CO_3，取样勺，标签纸，笔 1 支
测评专家	每台装置配备 1 名考评员，考评员要求有 3 年以上储能材料相关工作经历或实训指导经历

(3) 考核时量

120 分钟。

(4) 评价标准

表 6-6-2　T-6-6 评价标准

评价内容及评分		评 分 标 准	得分
操作规范 (80分)	作业前准备 (30分)	1. 检查所有仪表、设备和相关工具(5分)； 2. 按照操作工单要求，选择需要的原料(5分)，按照工单对原料质量的要求，称量所需物料(5分)； 3. 按照 1∶1 的球料比，根据所称取的物料重量，称取适当重量的锆球，其中大中小球重量比约为 2∶5∶3(5分)； 4. 将锆球及物料依次加入清洗干净的球磨罐中，将球磨罐盖子盖好(5分)； 5. 另取一球磨罐，向其中加入锆球，使二者总重量与上述装有物料的球磨罐总重量相等，作为平衡球磨罐备用(5分)；	

续表6-6-2

评价内容及评分		评 分 标 准	得分
操作规范 (80分)	球磨混料 操作 (35分)	1. 装罐操作：将装好球和物料的球磨罐放置在磨罐座内，将平衡球磨罐置于其对侧位置(2分)； 2. 固定操作：将磨罐座顶紧装置横梁嵌入到相应位置，将顶杆拧紧，使两个球磨罐固定在磨罐座内(5分)，并拧紧防松螺丝，使整个装置处于顶紧状态(5分)； 3. 混料运行：设置好参数(5分)，盖紧机盖，启动设备，缓慢将调速旋钮调节至设定转速，开始运行(4分)； 4. 运行检查：设备高速运行3分钟后，停止运行并打开机盖，检查是否出现松动情况，出现松动则需进行加固，若无松动迹象则调回实需转速继续完成混料(4分)； 5. 卸罐关机：球磨完成后，待球磨机彻底停止运行，关闭电源(5分)，拧开固定装置，将球磨罐卸下(5分)	
	筛分操作 (10分)	1. 分别取对应物料的40目筛网和不锈钢托盘各1个，并将40目筛网置于不锈钢托盘上方，打开球磨罐，将物料和球一起倒在筛网上(4分)； 2. 用毛刷反复刷动筛网的锆球和物料，确保大部分物料可透过筛网落于不锈钢托盘内(3分)； 3. 将物料转移至自封袋内，贴好标签，待用(3分)	
	现场清理 (5分)	1. 关闭所有开关(1分)； 2. 设施、设备清理干净，各工具仪表归位(4分)	
职业素养 (20分)		1. 着装符合实训室要求(实训服，严禁穿拖鞋)(5分)； 2. 执行6S要求，保持操作环境整齐、清洁，包括仪器设备、实验材料以及台面整理(5分)； 3. 严格遵守实训室安全操作规范，正确使用仪器(5分)； 4. 具有职业素养，文明礼貌，服从安排(5分)	
安全文明 否决		造成人身、设备重大事故，或恶意顶撞考官、严重扰乱考场秩序的，立即终止考试，此题计0分	
总分			

7. 试题编号：T-6-7 NCM523 三元正极材料制备的煅烧操作

考核技能点编号：J-6-1

（1）任务描述

现用 NCM523 前驱体和电池级 Li_2CO_3 生产 NCM523 三元正极材料。请利用现场箱式气氛炉及其他设备、阀门、仪表一览，完成煅烧工序的操作。

（2）实施条件

表 6-7-1　T-6-7 实施条件

项　目	基 本 实 施 条 件
场地	储能正极材料实训室
仪器设备	氮气气氛炉 1 台，刚玉烧钵 1 个，米尺 1 把，电子天平 1 台/工位
材料、工具、人员	NCM523 前驱体+电池级 Li_2CO_3 混合料，塑料刮板 1 块，计算器，纸张，笔 1 支，助手 1 名
测评专家	每台装置配备 1 名考评员，考评员要求有 3 年以上储能材料相关工作经历或实训指导经历

（3）考核时量

120 分钟。

（4）评价标准

表 6-7-2　T-6-7 评价标准

评价内容及评分		评 分 标 准	得分
操作规范 （80分）	作业前准备 （10分）	1. 检查所有仪表、设备和附属设备（2分）； 2. 检查水、电、管道等（3分）； 3. 检查所有开关、冷却系统（5分）	
	煅烧炉操作 （50分）	1. 称料操作：按照要求称量一定质量的 NCM 523 前驱体+电池级 Li_2CO_3 混合料（5分）； 2. 装钵操作：将混合料装入到刚玉烧钵中，并将物料表面处理平整（5分），然后用专用工具隔成方格（5分）； 3. 入炉操作：将匣钵放入气氛炉中（5分）； 4. 煅烧操作：打开无油气体压缩机，调节空气流量至要求的空气鼓入量（5分）；打开冷却水系统，调节冷却水流量至合适值（5分），按照规定的温度曲线设置气氛炉的运行参数（5分），启动电源，开始程序升温（5分）； 5. 停炉：关闭电源停止升温，关闭冷却水系统（5分）；关闭无油气体压缩机电源开关，停止鼓入空气，自然冷却至室温（5分）	
	停炉后操作 （20分）	1. 做好相关器具（5分）及窑炉清洁工作（5分）； 2. 各工具仪表归位（5分）； 3. 关闭水电总开关（5分）	
职业素养 （20分）		1. 着装符合实训室要求（实训服，实训帽，严禁穿拖鞋）（5分）； 2. 执行 6S 要求，保持操作环境整齐、清洁，包括仪器设备、实验材料以及台面整理（5分）； 3. 严格遵守实训室安全操作规范，正确使用仪器（5分）； 4. 具有职业素养，文明礼貌，服从安排（5分）	
安全文明 否决		造成人身、设备重大事故，或恶意顶撞考官、严重扰乱考场秩序的，立即终止考试，此题计 0 分	
总分			

8.试题编号：T-6-8 NCM622 三元正极材料制备的混料操作

考核技能点编号：J-6-1

（1）任务描述

现采用 NCM622 三元前驱体与电池级 Li_2CO_3 生产 NCM622 三元正极材料。请利用现场球磨机、天平及其他设备和工具，完成 NCM622 三元正极材料混料工序的操作。

（2）实施条件

表 6-8-1　T-6-8 实施条件

项　目	基 本 实 施 条 件
场地	储能正极材料实训室
仪器设备	球磨机 1 台，球磨罐 2 个，球磨用锆珠若干，不锈钢托盘 1 个，40 目筛网 1 个，毛刷 1 把，电子天平 1 台/工位，操作工单 1 套
材料、工具、人员	NCM622 三元前驱体、电池级 Li_2CO_3，取样勺，标签纸，笔 1 支
测评专家	每台装置配备 1 名考评员，考评员要求有 3 年以上储能材料相关工作经历或实训指导经历

（3）考核时量

120 分钟。

（4）评价标准

表 6-8-2　T-6-8 评价标准

评价内容及评分		评 分 标 准	得分
操作规范（80 分）	作业前准备（30 分）	1.检查所有仪表、设备和相关工具(5 分)； 2.按照操作工单要求，选择需要的原料(5 分)，按照工单对原料质量的要求，称量所需物料(5 分)； 3.按照 1∶1 的球料比，根据所称取的物料重量，称取适当重量的锆球，其中大中小球重量比约为 2∶5∶3(5 分)； 4.将锆球及物料依次加入清洗干净的球磨罐中，将球磨罐盖子盖好(5 分)； 5.另取一球磨罐，向其中加入锆球，使二者总重量与上述装有物料的球磨罐总重量相等，作为平衡球磨罐备用(5 分)	

续表6-8-2

评价内容及评分		评分标准	得分
操作规范 (80分)	球磨混料操作 (35分)	1. 装罐操作：将装好球和物料的球磨罐放置在磨罐座内，将平衡球磨罐置于其对侧位置(2分)； 2. 固定操作：将磨罐座顶紧装置横梁嵌入到相应位置，将顶杆拧紧，使两个球磨罐固定在磨罐座内(5分)，并拧紧防松螺丝，使整个装置处于顶紧状态(5分)； 3. 混料运行：设置好参数(5分)，盖紧机盖，启动设备，缓慢将调速旋钮调节至设定转速，开始运行(4分)； 4. 运行检查：设备高速运行3分钟后，停止运行并打开机盖，检查是否出现松动情况，出现松动则需进行加固，若无松动迹象则调回实需转速继续完成混料(4分)； 5. 卸罐关机：球磨完成后，待球磨机彻底停止运行，关闭电源(5分)，拧开固定装置，将球磨罐卸下(5分)	
	筛分操作 (10分)	1. 分别取对应物料的40目筛网和不锈钢托盘各1个，并将40目筛网置于不锈钢托盘上方，打开球磨罐，将物料和球一起倒在筛网上(4分)； 2. 用毛刷反复刷动筛网的锆球和物料，确保大部分物料可透过筛网落于不锈钢托盘内(3分)； 3. 将物料转移至自封袋内，贴好标签，待用(3分)	
	现场清理 (5分)	1. 关闭所有开关(1分)； 2. 设施、设备清理干净；各工具仪表归位(4分)	
职业素养 (20分)		1. 着装符合实训室要求(实训服，严禁穿拖鞋)(5分)； 2. 执行6S要求，保持操作环境整齐、清洁，包括仪器设备、实验材料以及台面整理(5分)； 3. 严格遵守实训室安全操作规范，正确使用仪器(5分)； 4. 具有职业素养，文明礼貌，服从安排(5分)	
安全文明 否决		造成人身、设备重大事故，或恶意顶撞考官、严重扰乱考场秩序的，立即终止考试，此题计0分	
总分			

9. 试题编号：T-6-9 NCM622 三元正极材料制备的煅烧操作

考核技能点编号：J-6-2

(1) 任务描述

现用 NCM622 前驱体和电池级 Li_2CO_3 生产 NCM622 三元正极材料。请利用现场箱式气氛炉及其他设备、阀门、仪表一览，完成煅烧工序的操作。

(2) 实施条件

表 6-9-1 T-6-9 实施条件

项目	基 本 实 施 条 件
场地	储能正极材料实训室
仪器设备	氮气气氛炉 1 台, 刚玉烧钵 1 个, 米尺 1 把, 电子天平 1 台/工位
材料、工具、人员	NCM622 前驱体+电池级 Li_2CO_3 混合料, 塑料刮板 1 块, 计算器, 纸张, 笔 1 支, 助手 1 名
测评专家	每台装置配备 1 名考评员, 考评员要求有 3 年以上储能材料相关工作经历或实训指导经历

(3) 考核时量

120 分钟。

(4) 评价标准

表 6-9-2 T-6-9 评价标准

评价内容及评分		评 分 标 准	得分
操作规范 (80分)	作业前准备 (10分)	1. 检查所有仪表、设备和附属设备(2分); 2. 检查水、电、管道等(3分); 3. 检查所有开关、冷却系统(5分)	
	煅烧炉操作 (50分)	1. 称料操作: 按照要求称量一定质量的 NCM 622 前驱体+电池级 Li_2CO_3 混合料(5分); 2. 装钵操作: 将混合料装入到刚玉烧钵中, 并将物料表面处理平整 (5分), 然后用专用工具隔成方格(5分); 3. 入炉操作: 将匣钵放入气氛炉中(5分); 4. 煅烧操作: 打开无油气体压缩机, 调节空气流量至要求的空气鼓入量(5分); 打开冷却水系统, 调节冷却水流量至合适值(5分), 按照规定的温度曲线设置气氛炉的运行参数(5分), 启动电源, 开始程序升温(5分); 5. 停炉: 关闭电源停止升温, 关闭冷却水系统(5分); 关闭无油气体压缩机电源开关, 停止鼓入空气, 自然冷却至室温(5分)	
	停炉后操作 (20分)	1. 做好相关器具(5分)及窑炉清洁工作(5分); 2. 各工具仪表归位(5分); 3. 关闭水电总开关(5分)	
职业素养 (20分)		1. 着装符合实训室要求(实训服, 实训帽, 严禁穿拖鞋)(5分); 2. 执行 6S 要求, 保持操作环境整齐、清洁, 包括仪器设备、实验材料以及台面整理(5分); 3. 严格遵守实训室安全操作规范, 正确使用仪器(5分); 4. 具有职业素养, 文明礼貌, 服从安排(5分)	
安全文明否决		造成人身、设备重大事故, 或恶意顶撞考官、严重扰乱考场秩序的, 立即终止考试, 此题计 0 分	
总分			

10.试题编号：T-6-10单晶NCM622三元正极材料制备的煅烧操作

考核技能点编号：J-6-2

(1)任务描述

现用NCM622前驱体和电池级Li_2CO_3来生产单晶NCM622三元正极材料。请利用现场箱式气氛炉及其他设备、阀门、仪表一览，完成煅烧工序的操作。

(2)实施条件

表6-10-1 T-6-10实施条件

项目	基 本 实 施 条 件
场地	储能正极材料实训室
仪器设备	氮气气氛炉1台，刚玉烧钵1个，米尺1把，电子天平1台/工位
材料、工具、人员	NCM622前驱体+电池级Li_2CO_3混合料，塑料刮板1块，计算器，纸张，笔1支，助手1名
测评专家	每台装置配备1名考评员，考评员要求有3年以上储能材料相关工作经历或实训指导经历

(3)考核时量

120分钟。

(4)评价标准

表6-10-2 T-6-10评价标准

评价内容及评分		评 分 标 准	得分
操作规范（80分）	作业前准备（10分）	1.检查所有仪表、设备和附属设备(2分)； 2.检查水、电、管道等(3分)； 3.检查所有开关、冷却系统(5分)	
	煅烧炉操作（50分）	1.称料操作：按照要求称量一定质量的NCM 622前驱体+电池级Li_2CO_3混合料(5分)； 2.装钵操作：将混合料装入到刚玉烧钵中，并将物料表面处理平整(5分)，然后用专用工具隔成方格(5分)； 3.入炉操作：将匣钵放入气氛炉中(5分)； 4.煅烧操作：打开无油气体压缩机，调节空气流量至要求的空气鼓入量(5分)；打开冷却水系统，调节冷却水流量至合适值(5分)，按照规定的温度曲线设置气氛炉的运行参数(5分)，启动电源，开始程序升温(5分)； 5.停炉：关闭电源停止升温，关闭冷却水系统(5分)；关闭无油气体压缩机电源开关，停止鼓入空气，自然冷却至室温(5分)	
	停炉后操作（20分）	1.做好相关器具(5分)及窑炉清洁工作(5分)； 2.各工具仪表归位(5分)； 3.关闭水电总开关(5分)	

续表6-10-2

评价内容及评分	评 分 标 准	得分
职业素养 (20分)	1. 着装符合实训室要求(实训服,实训帽,严禁穿拖鞋)(5分); 2. 执行6S要求,保持操作环境整齐、清洁,包括仪器设备、实验材料以及台面整理(5分); 3. 严格遵守实训室安全操作规范,正确使用仪器(5分); 4. 具有职业素养,文明礼貌,服从安排(5分)	
安全文明 否决	造成人身、设备重大事故,或恶意顶撞考官、严重扰乱考场秩序的,立即终止考试,此题计0分	
总分		

项目7 储能电池制备现场操作

1. 试题编号:T-7-1 LiFePO$_4$的制浆操作

考核技能点编号:J-7-1

(1)任务描述

某动力锂离子电池企业的制片车间,LiFePO$_4$制浆,请利用现场《LiFePO$_4$制浆参数表》、原材料、制浆设备等,在现场完成LiFePO$_4$的制浆操作。

(2)实施条件

表7-1-1 T-7-1实施条件

项 目	基 本 实 施 条 件
场地	储能电池实训室
仪器设备	真空搅拌机(2 L)1台
材料、试剂、工具、人员	LiFePO$_4$、PVDF、导电剂、黏结剂、NMP溶剂、手套、防尘口罩、剪刀、硅胶刮子、无尘抹布、拉伸膜等
测评专家	至少配备1名考评员,考评员要求有3年以上从事材料专业领域相关的工作经历或实训指导经历

(3)考核时量

120分钟。

(4)评价标准

表 7-1-2　T-7-1 评价标准

评价内容及评分		评 分 标 准	得分
操作规范 (80分)	作业前准备 (15分)	1.检查所有仪表、设备和附属设备(2分); 2.检查水、电、管道等(3分); 3.检查所有开关、相关系统(2分); 4.检查物料到位情况(3分); 5.佩戴好手套、口罩等劳保用品(5分)	
	胶液配制 操作 (25分)	1.降下搅拌罐,将 NMP 加入搅拌罐中(5分); 2.加入 PVDF 黏结剂,加料时避免将 PVDF 粉末黏到分散机搅拌杆上(5分); 3.PVDF 粉末加完后密封搅拌罐,调整搅拌机转速,搅拌一段时间后降下搅拌罐,刮边(5分); 4.密封搅拌罐,抽真空(5分); 5.适当调整转速,确保浆液表面无气泡、无粉末状凝絮,搅拌结束制得 PVDF 胶液(5分); 备注:物料加入量和搅拌机工艺参数见现场《LiFePO₄制浆参数表》	
	浆料配制 操作 (25分)	1.降下搅拌罐,将导电剂加入搅拌机中,密封搅拌罐,调整搅拌机转速(5分); 2.搅拌一段时间,降下搅拌罐,刮边(5分); 3.将 LiFePO₄ 粉末加入搅拌机中,调整搅拌机转速(5分); 4.搅拌一段时间,降下搅拌罐,刮边,密封搅拌罐,抽真空(5分); 5.停止搅拌,降下搅拌罐,观察浆料状态,确保浆料无气泡产生,如有上述异常,降低搅拌机转速慢搅 10 min(5分); 备注:物料加入量和搅拌机工艺参数见现场《LiFePO₄制浆参数表》	
	浆料过筛 操作 (15分)	1.选择 150 目筛网,将筛网固定到搅拌罐出口(5分); 2.过筛(5分); 3.将过筛后的浆料用拉伸膜密封保存,清理筛网残留浆料,关闭设备电源(5分)	
职业素养 (20分)		1.着装符合实训室要求(实训服,实训帽,严禁穿拖鞋)(5分); 2.执行 6S 要求,保持操作环境整齐、清洁,包括仪器设备、实验材料以及台面整理(5分); 3.严格遵守实训室安全操作规范,正确使用仪器(5分); 4.具有职业素养,文明礼貌,服从安排(5分)	
安全文明 否决		造成人身、设备重大事故,或恶意顶撞考官、严重扰乱考场秩序的,立即终止考试,此题计 0 分	
总分			

表 7-1-3 T-7-1《LiFePO₄ 制浆参数表》(参考)

过程	物料名称	物料规格	投料量 /kg	公转 /(r·min⁻¹)	自转 /(r·min⁻¹)	搅拌时间 /min	过程要求及备注	
制胶							刮壁	操作员
							刮壁	
							真空	
配料							刮壁	
							刮壁	
							真空	

2. 试题编号：T-7-2 NCM523 的制浆操作

考核技能点编号：J-7-1

(1)任务描述

某动力锂离子电池企业的制片车间，NCM523 制浆，请利用现场《NCM523 制浆参数表》、原材料、制浆设备等，在现场完成 NCM523 的制浆操作。

(2)实施条件

表 7-2-1 T-7-2 实施条件

项目	基本实施条件
场地	储能电池实训室
仪器设备	真空搅拌机(2 L)1 台
材料、试剂、工具、人员	NCM523、PVDF、导电剂、黏结剂、NMP 溶剂、手套、防尘口罩、剪刀、硅胶刮子、无尘抹布、拉伸膜等
测评专家	至少配备 1 名考评员，考评员要求有 3 年以上从事材料专业领域相关的工作经历或实训指导经历

(3)考核时量

120 分钟。

(4)评价标准

表 7-2-2　T-7-2 评价标准

评价内容及评分		评分标准	得分
操作规范 (80分)	作业前准备 (15分)	1.检查所有仪表、设备和附属设备(2分); 2.检查水、电、管道等(3分); 3.检查所有开关、相关系统(2分); 4.检查物料到位情况(3分); 5.佩戴好手套、口罩等劳保用品(5分)	
	胶液配制操作 (25分)	1.降下搅拌罐,将 NMP 加入搅拌罐中(5分); 2.加入 PVDF 黏结剂,加料时避免将 PVDF 粉末黏到分散机搅拌杆上(5分); 3.PVDF 粉末加完后密封搅拌罐,调整搅拌机转速,搅拌一段时间后降下搅拌罐,刮边(5分); 4.密封搅拌罐,抽真空(5分); 5.适当调整转速,确保浆液表面无气泡、无粉末状凝絮,搅拌结束制得 PVDF 胶液(5分); 备注:物料加入量和搅拌机工艺参数见现场《NCM523 制浆参数表》	
	浆料配制操作 (25分)	1.降下搅拌罐,将导电剂加入搅拌机中,密封搅拌罐,调整搅拌机转速(5分); 2.搅拌一段时间,降下搅拌罐,刮边(5分); 3.将 NCM523 粉末加入搅拌机中,调整搅拌机转速(5分); 4.搅拌一段时间,降下搅拌罐,刮边,密封搅拌罐,抽真空(5分); 5.停止搅拌,降下搅拌罐,观察浆料状态,确保浆料无气泡产生,如有上述异常,降低搅拌机转速慢搅 10 min(5分); 备注:物料加入量和搅拌机工艺参数见现场《NCM523 制浆参数表》	
	浆料过筛操作 (15分)	1.选择 150 目筛网,将筛网固定到搅拌罐出口(5分); 2.过筛(5分); 3.将过筛后的浆料用拉伸膜密封保存,清理筛网残留浆料,关闭设备电源(5分)	
职业素养 (20分)		1.着装符合实训室要求(实训服,实训帽,严禁穿拖鞋)(5分); 2.执行 6S 要求,保持操作环境整齐、清洁,包括仪器设备、实验材料以及台面整理(5分); 3.严格遵守实训室安全操作规范,正确使用仪器(5分); 4.具有职业素养,文明礼貌,服从安排(5分)	
安全文明 否决		造成人身、设备重大事故,或恶意顶撞考官、严重扰乱考场秩序的,立即终止考试,此题计 0 分	
总分			

表 7-2-3　T-7-2《NCM523 制浆参数表》(参考)

过程	物料名称	物料规格	投料量 /kg	公转 /(r·min⁻¹)	自转 /(r·min⁻¹)	搅拌时间 /min	过程要求 及备注	
制胶							刮壁	操作员
							刮壁	
							真空	
配料							刮壁	
							刮壁	
							真空	

3. 试题编号：T-7-3 石墨的制浆操作

考核技能点编号：J-7-1

(1)任务描述

某动力锂离子电池企业的制片车间，石墨制浆，请利用现场《石墨制浆参数表》、原材料、制浆设备等，在现场完成石墨的制浆操作。

(2)实施条件

表 7-3-1　T-7-3 实施条件

项　目	基 本 实 施 条 件
场地	储能电池实训室
仪器设备	真空搅拌机(2 L)1 台
材料、试剂、工具、人员	石墨、CMC、SBR、导电剂、去离子水、手套、防尘口罩、剪刀、硅胶刮子、无尘抹布、拉伸膜等
测评专家	至少配备 1 名考评员，考评员要求有 3 年以上从事材料专业领域相关的工作经历或实训指导经历

(3)考核时量

120 分钟。

(4)评价标准

表 7-3-2　T-7-3 评价标准

评价内容及评分		评分标准	得分
操作规范 （80分）	作业前准备 （15分）	1. 检查所有仪表、设备和附属设备（2分）； 2. 检查水、电、管道等（3分）； 3. 检查所有开关、相关系统（2分）； 4. 检查物料到位情况（3分）； 5. 佩戴好手套、口罩等劳保用品（5分）	
	胶液配制 操作 （25分）	1. 降下搅拌罐，将去离子水加入搅拌罐中（5分）； 2. 加入 CMC 增稠剂，加料时避免将 CMC 粉末黏到分散机搅拌杆上（5分）； 3. CMC 粉末加完后密封搅拌罐，调整搅拌机转速，搅拌一段时间后降下搅拌罐，刮边（5分）； 4. 密封搅拌罐，抽真空（5分）； 5. 适当调整转速，确保浆液表面无气泡、无粉末状凝絮，搅拌结束制得 CMC 胶液（5分）； 备注：物料加入量和搅拌机工艺参数见现场《石墨制浆参数表》	
	浆料配制 操作 （25分）	1. 降下搅拌罐，将导电剂加入搅拌机中，密封搅拌罐，调整搅拌机转速（5分）； 2. 搅拌一段时间，降下搅拌罐，刮边（5分）； 3. 将石墨粉末加入搅拌机中，调整搅拌机转速，搅拌一段时间（5分）； 4. 降下搅拌罐，刮边，将 SBR 浆料加入搅拌罐，密封搅拌罐，抽真空，继续搅拌一段时间（5分）； 5. 停止搅拌，降下搅拌罐，观察浆料状态，确保浆料无气泡产生，如有上述异常，降低搅拌机转速慢搅 10 min（5分）； 备注：物料加入量和搅拌机工艺参数见现场《石墨制浆参数表》	
	浆料过筛 操作 （15分）	1. 选择 150 目筛网，将筛网固定到搅拌罐出口（5分）； 2. 过筛（5分）； 3. 将过筛后的浆料用拉伸膜密封保存，清理筛网残留浆料，关闭设备电源（5分）	
职业素养 （20分）		1. 着装符合实训室要求（实训服，实训帽，严禁穿拖鞋）（5分）； 2. 执行 6S 要求，保持操作环境整齐、清洁，包括仪器设备、实验材料以及台面整理（5分）； 3. 严格遵守实训室安全操作规范，正确使用仪器（5分）； 4. 具有职业素养，文明礼貌，服从安排（5分）	
安全文明 否决		造成人身、设备重大事故，或恶意顶撞考官、严重扰乱考场秩序的，立即终止考试，此题计 0 分	
总分			

表 7-3-3　T-7-3《石墨制浆参数表》(参考)

过程	物料名称	物料规格	投料量/kg	公转/(r·min⁻¹)	自转/(r·min⁻¹)	搅拌时间/min	过程要求及备注	
制胶							刮壁	操作员
							刮壁	
							真空	
配料							刮壁	
							刮壁	
							真空	

4. 试题编号：T-7-4 正极浆料检测操作

考核技能点编号：J-7-2

(1) 任务描述

某动力锂离子电池企业的制片车间，已经配制好正极浆料，需要测试浆料的黏度、细度、固含量等性能指标，请利用现场取样工具、检测设备等，在现场完成正极浆料检测操作。

(2) 实施条件

表 7-4-1　T-7-4 实施条件

项目	基本实施条件
场地	储能电池实训室
仪器设备	数字黏度计 1 台、细度计 1 台、水分分析仪 1 台
材料、试剂、工具、人员	正极浆料、手套、烧杯、防尘口罩、不锈钢勺、无尘抹布、玻璃棒等
测评专家	至少配备 1 名考评员，考评员要求有 3 年以上从事材料专业领域相关的工作经历或实训指导经历

(3) 考核时量

90 分钟。

(4) 评价标准

表 7-4-2　T-7-4 评价标准

评价内容及评分		评 分 标 准	得分
操作规范 (80分)	作业前准备 (15分)	1. 检查所有仪表、设备和附属设备(2分); 2. 检查水、电、管道等(3分); 3. 检查所有开关、相关系统(2分); 4. 检查物料到位情况(3分); 5. 佩戴好手套、口罩等劳保用品(5分)	
	黏度测试 操作 (25分)	1. 取盛有半杯正极浆料的烧杯,并用玻璃棒将浆料搅匀(5分); 2. 正确选择旋转黏度计的转子,将转子正确安装到黏度计上(5分); 3. 打开黏度计电源开关,选择合适的转速参数开始测试(5分); 4. 当测试数据稳定后读数(5分); 5. 取下转子清洁后归位,清理操作台面,测试后的正极浆料保留,用于下一项测试(5分); 备注:参考现场黏度测试工艺指导文件	
	细度测试 操作 (20分)	1. 用玻璃棒搅匀烧杯中的正极浆料(4分); 2. 使用取样勺从烧杯中取适量浆料,滴入到刮板细度计的起始端(4分); 3. 正确使用刮板,按照规定的速度刮过主板(4分); 4. 按照规定的方式读取细度值(4分); 5. 清洁刮板细度计后归位,清理操作台面,测试后的正极浆料保留,用于下一项测试(4分); 备注:参考现场细度测试工艺指导文件	
	固含量测试 操作 (20分)	1. 用玻璃棒搅匀烧杯中的浆料(4分); 2. 开启水分分析仪电源,使用取样勺从烧杯中取适量浆料,事先在水分分析仪的测试样品盘中放入剪切好的铜箔,将正极浆料滴入铜箔上,读取正极浆料净重值 m_1(4分); 3. 按开始测量键,当重量读数不再变化时停止测量,读取干料净重值 m_2(2分); 4. 计算正极浆料固含量值(固含量 $=m_2/m_1\times100\%$)(4分); 5. 清理测试样品,关闭水分分析仪电源(4分); 备注:参考现场固含量测试工艺指导文件	
职业素养 (20分)		1. 着装符合实训室要求(实训服,实训帽,严禁穿拖鞋)(5分); 2. 执行 6S 要求,保持操作环境整齐、清洁,包括仪器设备、实验材料以及台面整理(5分); 3. 严格遵守实训室安全操作规范,正确使用仪器(5分); 4. 具有职业素养,文明礼貌,服从安排(5分)	
安全文明 否决		造成人身、设备重大事故,或恶意顶撞考官、严重扰乱考场秩序的,立即终止考试,此题计 0 分	
总分			

5.试题编号：T-7-5 负极浆料检测操作

考核技能点编号：J-7-2

（1）任务描述

某动力锂离子电池企业的制片车间，已经配制好负极浆料，需要测试浆料的黏度、细度、固含量等性能指标，请利用现场取样工具、检测设备等，在现场完成负极浆料检测操作。

（2）实施条件

表 7-5-1　T-7-5 实施条件

项　目	基 本 实 施 条 件
场地	储能电池实训室
仪器设备	数字黏度计 1 台、细度计 1 台、水分分析仪 1 台
材料、试剂、工具、人员	负极浆料、手套、烧杯、防尘口罩、不锈钢勺、无尘抹布、玻璃棒等
测评专家	至少配备 1 名考评员，考评员要求有 3 年以上从事材料专业领域相关的工作经历或实训指导经历

（3）考核时量

90 分钟。

（4）评价标准

表 7-5-2　T-7-5 评价标准

评价内容及评分		评 分 标 准	得分
操作规范 （80 分）	作业前准备 （15 分）	1. 检查所有仪表、设备和附属设备（2 分）； 2. 检查水、电、管道等（3 分）； 3. 检查所有开关、相关系统（2 分）； 4. 检查物料到位情况（3 分）； 5. 佩戴好手套、口罩等劳保用品（5 分）	
	黏度测试操作 （25 分）	1. 取盛有半杯负极浆料的烧杯，并用玻璃棒将浆料搅匀（5 分）； 2. 正确选择旋转黏度计的转子，将转子正确安装到黏度计上（5分）； 3. 打开黏度计电源开关，选择合适的转速参数开始测试（5 分）； 4. 当测试数据稳定后读数（5 分）； 5. 取下转子清洁后归位，清理操作台面，测试后的负极浆料保留，用于下一项测试（5 分）； 备注：参考现场黏度测试工艺指导文件	

续表7-5-2

评价内容及评分		评 分 标 准	得分
操作规范 （80分）	细度测试 操作 （20分）	1. 用玻璃棒搅匀烧杯中的负极浆料(4分)； 2. 用取样勺从烧杯中取适量浆料，滴入到刮板细度计的起始端(4分)； 3. 正确使用刮板，按照规定的速度刮过主板(4分)； 4. 按照规定的方式读取细度值(4分)； 5. 清洁刮板细度计后归位，清理操作台面，测试后的负极浆料保留，用于下一项测试(4分)； 备注：参考现场细度测试工艺指导文件	
	固含量测试 操作 （20分）	1. 用玻璃棒搅匀烧杯中的浆料(4分)； 2. 开启水分分析仪电源，用取样勺从烧杯中取适量浆料，事先在水分分析仪的测试样品盘中放入剪切好的铜箔，将负极浆料滴入铜箔上，读取负极浆料净重值 m_1(4分)； 3. 按开始键开始测量，当重量读数不再变化时停止测量，读取干料净重值 m_2(4分)； 4. 计算负极浆料固含量值(固含量 $= m_2/m_1 \times 100\%$)(4分)； 5. 清理测试样品，关闭水分分析仪电源(4分)； 备注：参考现场固含量测试工艺指导文件	
职业素养 （20分）		1. 着装符合实训室要求(实训服，实训帽，严禁穿拖鞋)(5分)； 2. 执行 6S 要求，保持操作环境整齐、清洁，包括仪器设备、实验材料以及台面整理(5分)； 3. 严格遵守实训室安全操作规范，正确使用仪器(5分)； 4. 具有职业素养，文明礼貌，服从安排(5分)	
安全文明 否决		造成人身、设备重大事故，或恶意顶撞考官、严重扰乱考场秩序的，立即终止考试，此题计 0 分	
总分			

6. 试题编号：T-7-6 正极涂布操作

考核技能点编号：J-7-3

（1）任务描述

某动力锂离子电池企业的制片车间，正极浆料涂布成正极极片，请利用现场已配制好的正极浆料、正极涂布设备等，在现场完成正极单面涂布操作，要求涂布长度≥1 m，涂布面密度要求为(140±4) g/m²，涂布烘干后的失重率≤2%。

（2）实施条件

表 7-6-1 T-7-6 实施条件

项目	基本实施条件
场地	储能电池实训室
仪器设备	涂布机 1 台、手动取样器 1 台、烘干法水分测定仪 1 台、电子天平 1 台
材料、试剂、工具、人员	正极浆料、手套、防尘口罩、美工刀、塞尺、碎布、千分尺、钢尺、无尘纸、酒精等
测评专家	至少配备 1 名考评员,考评员要求有 3 年以上从事材料专业领域相关的工作经历或实训指导经历

(3)考核时量

120 分钟。

(4)评价标准

表 7-6-2 T-7-6 评价标准

评价内容及评分		评分标准	得分
操作规范 (80分)	作业前准备 (10分)	1. 检查所有仪表、设备和附属设备(2分); 2. 检查水、电、管道等(3分); 3. 检查所有开关、相关系统(5分)	
	涂布操作 (40分)	1. 按照正确的穿带顺序,将箔材穿过涂布机的工作轴调试设备(5分),慢速走带(走带速度≤1 m/min),观察试运是否正常(5分);试运转涂布机放卷、退卷、收卷等操作(5分); 2. 采用手动加料的方式,将配制好的正极浆料加入涂布机的浆料槽中(5分); 3. 面密度调试:试涂长度≥0.3 m,运行进烘箱完全烤干(烘烤5 min以上)(5分),退料,使用取样器在极片两侧和中部冲取3个小圆片(5分);称重,根据小圆片重量,调节面密度(5分); 4. 留边空箔:面密度调试过程中,可测量涂布取样段留边空箔宽度,若不满足现场工艺文件要求,则适当调节挡板直至留边空箔宽度达标(5分)	
	烘烤操作 (30分)	1. 试涂长度≥1 m的正极极片,运行通过烘箱,正极极片的烘烤初始工艺参数参考现场工艺文件,根据需要调整烘箱工艺参数(5分); 2. 使用取样器在出烘箱涂覆极片两侧和中部冲取3个小圆片,将小圆片剪成小碎片待用(5分); 3. 水分测试仪校验开机,调水平(没有调水平,禁止使用),水分测试仪清零,将第2步取样的极片碎片放入样品盘(样品量大于2.0 g,小于4.0 g),关闭上盖,读取重量 m_1,点"开始测量"(5分); 4. 测量完成后,打开上盖,待样品冷却至室温(冷却时间大于2 min),读取测量值 m_2(5分); 5. 计算极片失重率=$(m_1-m_2)/m_1×100\%$(5分),若失重率超过2%,重复1~6步直至达标(5分); 6. 将测试后的极片放置到固定的回收点,清理台面,关闭电源(5分)	

续表7-6-2

评价内容及评分	评 分 标 准	得分
职业素养 （20分）	1. 着装符合实训室要求（实训服，实训帽，严禁穿拖鞋）(5分)； 2. 执行6S要求，保持操作环境整齐、清洁，包括仪器设备、实验材料以及台面整理(5分)； 3. 严格遵守实训室安全操作规范，正确使用仪器(5分)； 4. 具有职业素养，文明礼貌，服从安排(5分)	
安全文明 否决	造成人身、设备重大事故，或恶意顶撞考官、严重扰乱考场秩序的，立即终止考试，此题计0分	
总分		

7. 试题编号：T-7-7 负极涂布操作

考核技能点编号：J-7-3

（1）任务描述

某动力锂离子电池企业的制片车间，用负极浆料涂布成负极片，请利用现场已配制好的负极浆料、负极涂布设备等，在现场完成负极单面涂布操作，要求涂布长度≥1 m，涂布面密度要求为(72 ± 3) g/m^2，涂布烘干后的失重率≤3%。

（2）实施条件

表 7-7-1   T-7-7 实施条件

项 目	基 本 实 施 条 件
场地	储能电池实训室
仪器设备	涂布机1台、手动取样器1台、烘干法水分测定仪1台、电子天平1台
材料、试剂、工具、人员	负极浆料、手套、防尘口罩、美工刀、塞尺、碎布、千分尺、钢尺、无尘纸、酒精等
测评专家	至少配备1名考评员，考评员要求有3年以上从事材料专业领域相关的工作经历或实训指导经历

（3）考核时量

120分钟。

（4）评价标准

表 7-7-2　T-7-7 评价标准

评价内容及评分		评 分 标 准	得分
操作规范 (80分)	作业前准备 (10分)	1.检查所有仪表、设备和附属设备(2分); 2.检查水、电、管道等(3分); 3.检查所有开关、相关系统(5分)	
	涂布操作 (40分)	1.按照正确的穿带顺序,将箔材穿过涂布机的工作轴调试设备(5分),慢速走带(走带速度≤1 m/min),观察试运是否正常(5分);试运转涂布机放卷、退卷、收卷等操作(5分); 2.采用手动加料的方式,将配制好的负极浆料加入涂布机的浆料槽中(5分); 3.面密度调试:试涂长度≥0.3 m,运行进烘箱完全烤干(烘烤5 min以上)(5分),退料,使用取样器在极片两侧和中部冲取3个小圆片(5分);称重,根据小圆片重量,调节面密度(5分); 4.留边空箔:面密度调试过程中,可测量涂布取样段留边空箔宽度,若不满足现场工艺文件要求,则适当调节挡板直至留边空箔宽度达标(5分)	
	烘烤操作 (30分)	1.试涂长度≥1 m的负极极片,运行通过烘箱,负极极片的烘烤初始工艺参数参考现场工艺文件,根据需要调整烘箱工艺参数(5分); 2.使用取样器在出烘箱涂覆极片两侧和中部冲取3个小圆片,将小圆片剪成小碎片待用(5分); 3.水分测试仪校验开机,调水平(没有调水平,禁止使用),水分测试仪清零,将第2步取样的极片碎片放入样品盘(样品量大于2.0 g,小于4.0 g),关闭上盖,读取重量 m_1,点"开始测量"(5分); 4.测量完成后,打开上盖,待样品冷却至室温(冷却时间大于2 min),读取测量值 m_2(5分); 5.计算极片失重率 $=(m_1-m_2)/m_1×100\%$(5分),若失重率超过3%,重复1~6步直至达标(5分); 6.将测试后的极片放置到固定的回收点,清理台面,关闭电源(5分)	
职业素养 (20分)		1.着装符合实训室要求(实训服,实训帽,严禁穿拖鞋)(5分); 2.执行6S要求,保持操作环境整齐、清洁,包括仪器设备、实验材料以及台面整理(5分); 3.严格遵守实训室安全操作规范,正确使用仪器(5分); 4.具有职业素养,文明礼貌,服从安排(5分)	
安全文明 否决		造成人身、设备重大事故,或恶意顶撞考官、严重扰乱考场秩序的,立即终止考试,此题计0分	
总分			

8.试题编号：T-7-8 正极片辊压和模切操作

考核技能点编号：J-7-4

（1）任务描述

某动力锂离子电池企业的制片车间，正极极片辊压和模切，请利用现场已涂布好的正极极片、正极辊压机、模切机等，在现场完成正极极片辊压和模切操作，要求正极辊压后的极片厚度为（130±6）μm，极片辊压后用百格刀测试剥离强度。

（2）实施条件

表 7-8-1　T-7-8 实施条件

项　目	基 本 实 施 条 件
场地	储能电池实训室
仪器设备	辊压机 1 台、模切机 1 台、千分尺 1 个、百格刀 1 套、电子天平 1 台
材料、试剂、工具、人员	涂布后的正极极片、手套、防尘口罩、美工刀或剪刀、钢尺、无尘纸、酒精、透明胶带等
测评专家	至少配备 1 名考评员，考评员要求有 3 年以上从事材料专业领域相关的工作经历或实训指导经历

（3）考核时量

90 分钟。

（4）评价标准

表 7-8-2　T-7-8 评价标准

评价内容及评分		评 分 标 准	得分
操作规范 （80分）	作业前准备 （10分）	1.检查所有仪表、设备和附属设备（2分）； 2.检查水、电、管道、开关等（3分）； 3.检查辅料及计量仪器的准备情况（5分）	
	辊压操作 （30分）	1.开启设备电源（3分）； 2.调整辊压机辊压速度，慢速辊压（辊压速度≤1 m/min），取长度≥0.3 m 的正极片（2分）；在进料端手动上料，出料端手动收料，收料后停机（5分），使用千分尺测量出料正极片边缘厚度（5分）； 3.微调辊缝参数或压力参数，再次启动辊压机，重新拿取≥0.3 m 的正极片，慢速辊压，测量新出极片两边缘极片厚度（5分）。如此反复，直至厚度测试值达到现场工艺要求（5分）； 4.关闭电源，清理测试样品（3分），将合格正极片放到指定区域保存（2分）	

续表7-8-2

评价内容及评分		评 分 标 准	得分
操作规范 （80分）	剥离强度 测试 （25分）	1. 剪取面积≥10 cm² 的辊压后的极片，摆放在测试桌面，极片边缘用透明胶布固定(5分)； 2. 取出百格刀，手持划格器手柄，使多刃切割刀垂直于试片平面，以均匀的压力，平衡的不颤动的手法和20～50 mm/s 的切割速度割划(5分)； 3. 将度片旋转90°，在所割划的切口上重复以上操作，以使形成格阵图形(3分)； 4. 用软毛刷测格阵图形的两对角线轻轻地向后5次，向前5次地刷试片(2分)； 5. 试验至少在试片的三个不同位置上完成，如果三个位置的试验结果不同，应在多于三个位置上重复试验，同时记录全部结果(5分)； 6. 参考 GBT 9286—1998 油漆涂层附着力检测方法(百格测试)判断正极片剥离强度等级(5分)	
	模切操作 （15分）	1. 开启模切机电源(3分)； 2. 剪合适的正极片放入模切机进料护板预定位置(2分)； 3. 启动模切机进行冲切，冲切≥4片正极片(5分)； 4. 关闭电源，将边角料正极片回收到固定位置(5分)	
职业素养 （20分）		1. 着装符合实训室要求(实训服，实训帽，严禁穿拖鞋)(5分)； 2. 执行 6S 要求，保持操作环境整齐、清洁，包括仪器设备、实验材料以及台面整理(5分)； 3. 严格遵守实训室安全操作规范，正确使用仪器(5分)； 4. 具有职业素养，文明礼貌，服从安排(5分)	
安全文明 否决		造成人身、设备重大事故，或恶意顶撞考官、严重扰乱考场秩序的，立即终止考试，此题计0分	
总分			

7. 试题编号：T-7-9 负极片辊压和模切操作

考核技能点编号：J-7-4

（1）任务描述

某动力锂离子电池企业的制片车间，负极极片辊压和模切，请利用现场已涂布好的负极极片、负极辊压机、模切机等，在现场完成负极极片辊压和模切操作，要求负极辊压后的极片厚度为(130±6) μm，极片辊压后用 百格刀测试剥离强度。

（2）实施条件

表 7-9-1　T-7-9 实施条件

项　目	基 本 实 施 条 件
场地	储能电池实训室
仪器设备	辊压机 1 台、模切机 1 台、千分尺 1 个、百格刀 1 套、电子天平 1 台
材料、试剂、工具、人员	涂布后的负极极片、手套、防尘口罩、美工刀或剪刀、钢尺、无尘纸、酒精、透明胶带等
测评专家	至少配备 1 名考评员，考评员要求有 3 年以上从事材料专业领域相关的工作经历或实训指导经历

（3）考核时量

90 分钟。

（4）评价标准

表 7-9-2　T-7-9 评价标准

评价内容及评分		评 分 标 准	得分
操作规范（80分）	作业前准备（10分）	1. 检查所有仪表、设备和附属设备（2分）； 2. 检查水、电、管道、开关等（3分）； 3. 检查辅料及计量仪器的准备情况（5分）	
	辊压操作（30分）	1. 开启设备电源（3分）； 2. 调整辊压机辊压速度，慢速辊压（辊压速度≤1 m/min），取长度≥0.3 m 的负极片（2分）；在进料端手动上料，出料端手动收料，收料后停机（5分），使用千分尺测量出料负极片边缘厚度（5分）； 3. 微调辊缝参数或压力参数，再次启动辊压机，重新拿取≥0.3 m 的负极片，慢速辊压，测量新出极片两边缘极片厚度（5分）。如此反复，直至厚度测试值达到现场工艺要求（5分）； 4. 关闭电源，清理测试样品（3分），将合格正极片放到指定区域保存（2分）	
	剥离强度测试（25分）	1. 剪取面积≥10 cm^2 的辊压后的极片，摆放在测试桌面，极片边缘用透明胶布固定（2.5分）； 2. 取出划格器，手持划格器手柄，使多刃切割刀垂直于试片平面，以均匀的压力，平衡的不颤动的手法和 20~50 mm/s 的切割速度割划（5分）； 3. 将度片旋转 90°，在所割划的切口上重复以上操作，以使形成格阵图形（5分）； 4. 用软毛刷测格阵图形的两对角线轻轻地向后 5 次，向前 5 次的刷试片（2.5分）； 5. 试验至少在试片的三个不同位置上完成，如果三个位置的试验结果不同，应在多于三个位置上重复试验，同时记录全部结果（5分）； 6. 参考 GBT 9286—1998 油漆涂层附着力检测方法（百格测试）判断负极片剥离强度等级（5分）	

续表7-9-2

评价内容及评分		评 分 标 准	得分
操作规范 (80分)	模切操作 (15分)	1. 开启模切机电源(2分); 2. 剪取合适的负极片放入模切机进料护板预定位置(3分); 3. 启动模切机进行冲切,冲切≥4片负极片(5分); 4. 关闭电源,将边角料负极片回收到固定位置(5分)	
职业素养 (20分)		1. 着装符合实训室要求(实训服,实训帽,严禁穿拖鞋)(5分); 2. 执行6S要求,保持操作环境整齐、清洁,包括仪器设备、实验材料以及台面整理(5分); 3. 严格遵守实训室安全操作规范,正确使用仪器(5分); 4. 具有职业素养,文明礼貌,服从安排(5分)	
安全文明 否决		造成人身、设备重大事故,或恶意顶撞考官、严重扰乱考场秩序的,立即终止考试,此题计0分	
总分			

10.试题编号:T-7-10 叠片操作

考核技能点编号:J-7-5

(1)任务描述

某动力锂离子电池企业的装配车间,正极+负极+隔膜叠片得到叠片芯包,请利用现场叠片设备、正负极片等,在现场完成叠片操作,要求正极叠片层数为25层。

(2)实施条件

表7-10-1　T-7-10 实施条件

项 目	基 本 实 施 条 件
场地	储能电池实训室
仪器设备	叠片机1台
材料、试剂、工具、人员	正极片、负极片、隔膜、手套、防尘口罩、美工刀、碎布、千分尺、钢尺、无尘纸、酒精等
测评专家	至少配备1名考评员,考评员要求有3年以上从事材料专业领域相关的工作经历或实训指导经历

(3)考核时量

90分钟。

(4)评价标准

表 7-10-2　T-7-10 评价标准

评价内容及评分		评 分 标 准	得分
操作规范 (80分)	作业前准备 (10分)	1. 检查所有仪表、设备和附属设备(2分); 2. 检查水、电、管道、开关等(3分); 3. 检查辅料及计量仪器的准备情况(5分)	
	叠片操作 (35分)	1. 隔膜的安装:将隔膜卷料按要求安装到固定位置(5分); 2. 正、负极片上料:将正负极片装载到正确的料槽中(5分); 3. 按照工艺指导文件要求设置叠片机系统参数(5分),设置完毕后开始叠片,设置首先叠一负极片,第二片开始叠正极片,负极数量比正极数量多一片、隔膜包裹正负极片(5分); 4. 从叠片机上取下叠片芯包,确认叠片芯包无露片,隔膜无折皱不齐(5分); 5. 按照工艺指导文件要求,剪切好胶带,对叠片芯包贴胶带固定,重复1~5步骤,至少叠出2个完整的叠片芯包(5分); 6. 叠片完成后关闭电、气等开关(5分)	
	叠片性能 检测操作 (35分)	1. 隔膜包覆负极测试方法: (1)取1pcs叠片芯包以隔膜收尾面为上面,用夹子加紧叠片芯包,用锋利的小刀切开叠片芯包左右两边隔膜至最近的绿胶位置5分); (2)从第一片负极开始,逐片切开包覆负极片的隔膜,压紧负极片与隔膜,使负极片紧贴隔膜,用钢尺测量顶部和底部隔膜外露尺寸(隔膜包覆负极尺寸)5分); (3)每个叠片芯包分别测上中下三个位置;每个位置至少测三片正负极包覆(5分); 2. 正负极包覆测试方法: (1)取1pcs叠片后的叠片芯包,从第一片正极开始,逐片切开正负极片之间的隔膜,翻折隔膜使正负极片同时露出(5分); (2)压紧正负极片使正极片紧贴负极片;用钢尺分别测量长度和宽度方向负极外露尺寸(正负极包覆尺寸)(5分); (3)每个叠片芯包分别测上中下三个位置;每个位置至少测试三片正负极包覆情况(5分); 3. 测试完毕后将正极片、负极片、隔膜分别回收到固定位置,清理台面(5分)	
职业素养 (20分)		1. 着装符合实训室要求(实训服,实训帽,严禁穿拖鞋)(5分); 2. 执行6S要求,保持操作环境整齐、清洁,包括仪器设备、实验材料以及台面整理(5分); 3. 严格遵守实训室安全操作规范,正确使用仪器(5分); 4. 具有职业素养,文明礼貌,服从安排(5分)	
安全文明 否决		造成人身、设备重大事故,或恶意顶撞考官、严重扰乱考场秩序的,立即终止考试,此题计0分	
总分			

11.试题编号：T-7-11 焊接操作

考核技能点编号：J-7-6

（1）任务描述

某动力锂离子电池企业的装配车间，对叠片芯包进行预焊、焊接得到极组，请利用现场焊接设备、拉力测试仪等，在现场完成焊接操作，并观察和测试焊接质量。

（2）实施条件

表 7-11-1　T-7-11 实施条件

项　目	基 本 实 施 条 件
场地	储能电池实训室
仪器设备	正负极焊接机各 1 台、拉力测试仪 1 台
材料、试剂、工具、人员	叠片芯包、手套、防尘口罩、钢尺、剪刀、无尘纸、酒精等
测评专家	至少配备 1 名考评员，考评员要求有 3 年以上从事材料专业领域相关的工作经历或实训指导经历

（3）考核时量

90 分钟。

（4）评价标准

表 7-11-2　T-7-11 评价标准

评价内容及评分		评 分 标 准	得分
操作规范（80 分）	作业前准备（10 分）	1.检查所有仪表、设备和附属设备（2 分）； 2.检查水、电、管道、开关等（3 分）； 3.检查辅料及计量仪器的准备情况（5 分）	
	试焊操作（30 分）	1.正极焊接试机：将待试焊的铝箔反复对折叠整齐，折叠层数等于正极叠片数量（2 分），检查焊接初始参数，进行测试（3 分）。正确选择极耳（2 分），手拿叠好的铝箔，将极耳覆盖住铝箔，将待试焊的样品水平放置于超声波焊接机底座与焊头之间，启动焊接机，焊头下降将极耳和铝箔焊住，使焊印落在极耳中间（3 分）。检查焊接质量是否合格，如不合格必须再重新调校焊接机焊接参数；如合格则可进行下一步（5 分）； 2.负极焊接试机：将待试焊的铝铜箔反复对折叠整齐，折叠层数等于负极叠片数量（2 分），检查焊接初始参数，进行测试（3 分）。正确选择极耳（2 分），手拿铜箔，将待试焊的样品水平放置于超声波焊接机底座与焊头之间，启动焊接机，焊头下降将层叠的铜箔焊住，使焊印落在极耳中间（3 分）。检查表观是否合格，如不合格必须再重新调校焊接机焊接参数；如合格则可进行下一步（5 分）	

续表7-11-2

评价内容及评分		评 分 标 准	得分
操作规范 (80分)	焊接性能 检测操作 (20分)	1. 测试样准备：将试焊好的正、负极耳连带箔材剪裁成 5 mm 宽度的竖条(5分)； 2. 打开拉力测试仪电源(1分)，正确调整拉力测试仪夹具间隔(1分)，将正极极耳和铝箔未焊接处分离，分别用拉力测试仪自带的夹子固定(1分)，数据清零后启动测试(1分)，待正极极耳和铝箔拉断后读取拉力测试值，判断试焊样品是否合格(1分)，拉力测试标准见现场工艺指导文件； 3. 打开拉力测试仪电源(1分)，正确调整拉力测试仪夹具间隔(1分)，将负极极耳和铜箔未焊接处分离，分别用拉力测试仪自带的夹子固定(1分)，数据清零后启动测试(1分)，待负极极耳和铜箔拉断后读取拉力测试值，判断试焊样品是否合格(1分)，拉力测试标准见现场工艺指导文件； 4. 将测试过的极耳回收到指定位置，清理测试台面(5分)	
	焊接操作 (20分)	1. 正极焊接：一手托住电芯，另一手取正极极耳叠加在待焊接的铝箔上，将极耳和铝箔水平放于超声波焊接机底座与焊头之间，启动焊接机，焊头下降将极耳和铝箔焊住，使焊印落在极耳中间(5分)。检查焊接质量是否合格，如不合格必须再重新调校焊接机焊接参数再次焊接(5分)； 2. 负极焊接：一手托住电芯，另一手取负极极耳叠加在待焊接的铝箔上，将极耳和铜箔水平放于超声波焊接机底座与焊头之间，启动焊接机，焊头下降将极耳和铜箔焊住，使焊印落在极耳中间(5分)。检查焊接质量是否合格，如不合格必须再重新调校焊接机焊接参数再次焊接(5分)； 3. 焊接结束，关闭电源，清理台面(5分)	
职业素养 (20分)		1. 着装符合实训室要求(实训服，实训帽，严禁穿拖鞋)(5分)； 2. 执行 6S 要求，保持操作环境整齐、清洁，包括仪器设备、实验材料以及台面整理(5分)； 3. 严格遵守实训室安全操作规范，正确使用仪器(5分)； 4. 具有职业素养，文明礼貌，服从安排(5分)	
安全文明 否决		造成人身、设备重大事故，或恶意顶撞考官、严重扰乱考场秩序的，立即终止考试，此题计 0 分	
总分			

12.试题编号：T-7-12 电芯组装和封装操作

考核技能点编号：J-7-7

(1)任务描述

某动力锂离子电池企业的组装车间，对极组进行入壳和顶侧封得到注液前的电芯，请利用现场组装、封装设备等，在现场完成铝塑膜冲壳、电芯入壳、顶侧封等操作，并使用拉力测试仪测试铝塑膜的封装拉力。

(2)实施条件

表 7-12-1　T-7-12 实施条件

项 目	基 本 实 施 条 件
场地	储能电池实训室
仪器设备	铝塑膜成型机 1 台、铝塑模修边机 1 台、顶封机 1 台、侧封机 1 台、拉力测试仪 1 台
材料、试剂、工具、人员	极组、手套、防尘口罩、美工刀、钢尺、剪刀、无尘纸、酒精等
测评专家	至少配备 1 名考评员，考评员要求有 3 年以上从事材料专业领域相关的工作经历或实训指导经历

(3)考核时量

90 分钟。

(4)评价标准

表 7-12-2　T-7-12 评价标准

评价内容及评分		评 分 标 准	得分
操作规范 (80分)	作业前准备 (10分)	1.检查所有仪表、设备和附属设备(2分)； 2.检查水、电、管道、开关等(3分)； 3.检查辅料及计量仪器的准备情况(5分)	
	组装操作 (20分)	1.开启铝塑膜成型机电源(1分)，正确裁切规定长度铝塑膜(2分)，准确放入进料台固定位置(2分)； 2.铝塑膜PP面向下穿过机台(2分)，手动开启冲壳界面，查看冲壳参数，点击冲坑(3分)； 4.打开铝塑膜修边机(2)，按照指导文件规定的尺寸使用裁边机对铝塑膜进行裁边(3分)； 5.极组入壳：将极组放入铝塑膜冲坑得到注液前的电芯，入壳时正极在侧封边，负极在气袋边(5分)	

续表7-12-2

评价内容及评分		评 分 标 准	得分
操作规范 （80分）	封装性能 检测操作 （30分）	1. 开启单工位热封机电源，按工艺指导文件要求调整封装参数（5分）； 2. 封装溶胶检查：剪取一小段铝塑膜对折整齐后放入铝塑膜封装进料台，启动封装（5分），均匀用力撕开一小段铝塑膜检查封印溶胶效果，溶胶呈均匀乳白色则封印达标，进入下一步，如不合格，调整封装工艺参数后再次封装测试（5分）； 3. 拉力测试：剪取一小段铝塑膜对折整齐后放入铝塑膜封装进料台，启动封装（5分），取5 mm宽测试样，将样品的未封区铝塑膜分开，分别夹在拉力测试仪上，启动拉力测试仪进行测试（5分），拉力测试结果符合工艺文件要求则进入下一步，如不合格，调整封装工艺参数后再次封装测试（5分）	
	顶侧封操作 （20分）	1. 电芯顶封：将入壳后的电芯另一边铝塑膜翻转对齐，含有极耳的一侧放入热封机进料台，启动封装（5分）； 2. 观察顶封效果，确保达到要求（5分）； 3. 电芯侧封：将顶封后的电芯靠近正极耳的侧边放入进料台，启动封装（5分）； 4. 观察侧封效果，确保达到要求，关闭设备电源（5分）	
职业素养 （20分）		1. 着装符合实训室要求（实训服，实训帽，严禁穿拖鞋）（5分）； 2. 执行6S要求，保持操作环境整齐、清洁，包括仪器设备、实验材料以及台面整理（5分）； 3. 严格遵守实训室安全操作规范，正确使用仪器（5分）； 4. 具有职业素养，文明礼貌，服从安排（5分）	
安全文明 否决		造成人身、设备重大事故，或恶意顶撞考官、严重扰乱考场秩序的，立即终止考试，此题计0分	
总分			

13. **试题编号：T-7-13 电芯烘烤和注液操作**

考核技能点编号：J-7-8

（1）任务描述

某动力锂离子电池企业的装配车间，对电芯进行烘烤和注液，并在完成注液后进行静置和预封，请利用现场的设备和仪器仪表，在现场完成电芯烘烤操作，烘烤后转移至手套箱中，完成注液、静置与预封环节。

（2）实施条件

表 7-13-1　T-7-13 实施条件

项 目	基 本 实 施 条 件
场地	储能电池实训室
仪器设备	烘箱 1 台、柱塞式精密注液泵、真空静置箱 1 台、真空预封机 1 台、手套箱 1 台
材料、试剂、工具、人员	未注液的电芯、手套、防尘口罩、电解液、电芯周转篮、美工刀、无尘纸、酒精等
测评专家	至少配备 1 名考评员,考评员要求有 3 年以上从事材料专业领域相关的工作经历或实训指导经历

(3)考核时量

120 分钟。

(4)评价标准

表 7-13-2　T-7-13 评价标准

评价内容及评分		评 分 标 准	得分
操作规范 (80分)	作业前准备 (10分)	1. 检查所有仪表、设备和附属设备(2分); 2. 检查水、电、管道、开关等(3分); 3. 检查辅料及计量仪器的准备情况(5分)	
	烘烤操作 (25分)	1. 将电芯转运至烘箱内,启动烘箱电源(2分); 2. 启动真空泵,进行抽真空(3分); 3. 设置烘箱参数:点击温度设置,进入温度设置界面,按工艺指导文件要求设置烘烤温度(5分);点击烘干时间设置,进入时间设置界面,按工艺指导文件要求设置烘烤时间(5分); 4. 启动烘烤程序,烘烤过程中观察烘箱显示温度、真空度等参数(5分); 5. 完成烘干后,待电芯冷却方能取出,电芯取出后关闭电源(5分)	

续表7-13-2

评价内容及评分		评 分 标 准	得分
操作规范 （80分）	注液、真空 静置操作 （30分）	1. 观察手套箱内部气压与相关参数(2分)，确保手套箱的内部循环在开启状态下再进行下一步操作(1分)； 2. 将烘烤后的电芯按手套箱操作规程要求从小过渡仓放入手套箱：保证小过渡仓内仓门关闭的前提下，打开小过渡仓外仓门(1分)，同时打开小过渡仓真空泵(1分)，正确进行过渡仓清洗，进行3次清洗后，关闭小过渡仓真空泵(1分)，打开内仓门，将电芯过渡到手套箱内的周转篮上(5分)； 4. 开启柱塞式精密注液泵电源，按工艺指导文件规定的注液量调整注液参数(2分)；将进液端放置在电解液瓶内(1分)，启动注液泵注液(2分)； 5. 清洁干净注液后电芯表面残留的电解液，并将注液泵进出液口正确摆放入烧杯(5分)； 6. 开启真空静置箱电源(1分)，按照工艺文件要求设置真空度与静置时间(3分)，将注液完成后的电芯放入真空静置箱后启动真空静置箱(5分)	
	电芯预封操作 （15分）	1. 开启预封机电源(2分)；按照工艺文件要求设置预封温度(3分)，对电芯进行气袋边预封(5分)； 2. 关闭设备电源，将密封好的电芯按手套箱操作规程，从小过渡仓出料(5分)	
职业素养 （20分）		1. 着装符合实训室要求(实训服，实训帽，严禁穿拖鞋)(5分)； 2. 执行6S要求，保持操作环境整齐、清洁，包括仪器设备、实验材料以及台面整理(5分)； 3. 严格遵守实训室安全操作规范，正确使用仪器(5分)； 4. 具有职业素养，文明礼貌，服从安排(5分)	
安全文明 否决		造成人身、设备重大事故，或恶意顶撞考官、严重扰乱考场秩序的，立即终止考试，此题计0分	
总分			

14. 试题编号：T-7-14 电芯化成和抽气封口操作

考核技能点编号：J-7-9

（1）任务描述

某动力锂离子电池企业的检测车间，对电芯进行化成和抽气封口，请利用现场化成和抽气封口设备和仪器，在现场完成化成和抽气封口操作。

（2）实施条件

表 7-14-1 T-7-14 实施条件

项　目	基 本 实 施 条 件
场地	储能电池实训室
仪器设备	化成柜 1 台、二次真空终封机 1 台
材料、试剂、工具、人员	电芯、手套、防尘口罩、美工刀、剪刀、钢尺、无尘纸、酒精等
测评专家	至少配备 1 名考评员，考评员要求有 3 年以上从事材料专业领域相关的工作经历或实训指导经历

（3）考核时量

120 分钟。

（4）评价标准

表 7-14-2 T-7-14 评价标准

评价内容及评分		评 分 标 准	得分
操作规范（80分）	作业前准备（10分）	1. 检查所有仪表、设备和附属设备（2分）； 2. 检查水、电、管道、开关等（3分）； 3. 检查辅料及计量仪器的准备情况（5分）	
	化成操作（50分）	1. 打开化成柜总开关（3分），打开电脑（2分）； 2. 按指导文件设置化成压力（2分）、化成温度（2分）化成时间（2分），并完成化成夹具的预加热（5分）； 3. 将电芯按照正确的方式成对在正确位置上柜（5分），注意区分正负极（5分）； 4. 进入测试软件并登录（2分），按工艺指导文件设置化成工步（5分），保存工步参数（2分）； 5. 上柜后启动夹具加压（5分）； 6. 启动化成工步，注意观察检测通道数据，确保电芯正常充放电（3分）； 7. 化成结束关闭化成设备电源，后将电芯取下（2分）； 8. 电芯正负极做绝缘处理，避免短路（5分）	
	抽气终封操作（20分）	1. 打开二次真空终封机电源开关（2分），按照工艺指导文件正确设置封口温度（3分）； 2. 将带气囊电芯放入进料板指定位置，确保刀孔位置对准气囊（5分），启动设备刺破电芯气囊进行封口，抽气封口完毕取出电芯进入下一道工序（3分）； 3. 裁切：使用剪刀，沿封口处裁切气囊（2分）； 4. 关闭所有设备电源，清理台面（5分）	

续表7-14-2

评价内容及评分	评分标准	得分
职业素养 （20分）	1. 着装符合实训室要求(实训服，实训帽，严禁穿拖鞋)(5分)； 2. 执行6S要求，保持操作环境整齐、清洁，包括仪器设备、实验材料以及台面整理(5分)； 3. 严格遵守实训室安全操作规范，正确使用仪器(5分)； 4. 具有职业素养，文明礼貌，服从安排(5分)	
安全文明 否决	造成人身、设备重大事故，或恶意顶撞考官、严重扰乱考场秩序的，立即终止考试，此题计0分	
总分		

15. 试题编号：T-7-15 电芯折边和分容操作

考核技能点编号：J-7-10

（1）任务描述

某动力锂离子电池企业的检测车间，对电芯进行折边成型和分容，请利用现场折边和分容设备和仪器，在现场完成折边成型和分容操作。

（2）实施条件

表7-15-1　T-7-15 实施条件

项　目	基本实施条件
场地	储能电池实训室
仪器设备	折边机、分容柜1台、蓄电池内阻测试仪
材料、试剂、工具、人员	电芯、手套、防尘口罩、美工刀、千分尺、钢尺、无尘纸、酒精等
测评专家	至少配备1名考评员，考评员要求有3年以上从事材料专业领域相关的工作经历或实训指导经历

（3）考核时量

120分钟。

（4）评价标准

表 7-15-2 T-7-15 评价标准

评价内容及评分		评 分 标 准	得分
操作规范 (80分)	作业前准备 (10分)	1. 检查所有仪表、设备和附属设备(2分); 2. 检查水、电、管道、开关等(3分); 3. 检查辅料及计量仪器的准备情况(5分)	
	折边操作 (10分)	1. 开启折边设备(2分); 2. 将电芯放在进料板指定位置,启动切折边(3分); 2. 整理折边平整度(3分); 3. 关闭设备,清理台面(2分)	
	分容操作 (35分)	1. 电芯上柜前先去掉绝缘保护并开启蓄电池内阻测试仪进行电阻、电压测试,电芯合格则上柜分容(5分); 2. 开启分容柜设备电源,并正确连接电芯正负极与分容柜正负极接线夹(5分); 3. 按工艺指导文件要求正确设置分容工步,并保存工步文件(5分); 4. 启动分容工步,分容开始后观察电芯是否正常充放电(5分); 5. 分容结束后,正确调取通道数据,并准确读出电芯容量测试数据(5分); 6. 将电芯取下,电芯正负极做绝缘处理(5分); 7. 关闭设备电源,清理台面(5分)	
	电芯 OCV 测试操作 (25分)	1. 开启蓄电池内阻测试仪电源,检查设备测试夹连接情况(5分); 2. 电芯去掉绝缘保护,将测试夹分别夹在电芯正负极耳顶部中端,注意区分正负极(5分); 3. 选对电压测试内阻档位,启动测试,待蓄电池内阻测试仪测试数值稳定后读数(5分); 4. 取下电芯,正负极做绝缘处理后放回原处,关闭设备电源(5分); 5. 电芯尺寸检测:使用直尺和千分尺测量电芯长度、宽度、厚度(5分)	
职业素养 (20分)		1. 着装符合实训室要求(实训服,实训帽,严禁穿拖鞋)(5分); 2. 执行 6S 要求,保持操作环境整齐、清洁,包括仪器设备、实验材料以及台面整理(5分); 3. 严格遵守实训室安全操作规范,正确使用仪器(5分); 4. 具有职业素养,文明礼貌,服从安排(5分)	
安全文明 否决		造成人身、设备重大事故,或恶意顶撞考官、严重扰乱考场秩序的,立即终止考试,此题计 0 分	
总分			

项目 8　储能材料与电池分析检测现场操作

1. 试题编号：T-8-1 LiFePO$_4$ 正极浆料配制操作

考核技能点编号：J-8-1

（1）任务描述

某新能源企业储能电池材料检测中心，采用 LiFePO$_4$ 正极材料作为主材，选择合适的导电剂、黏结剂、溶剂，使用湿法工艺配制锂离子电池正极浆料，请根据现场《（正）极配料表》、原材料、配料设备、仪器仪表一览，在现场完成正极配料操作。

（2）实施条件

表 8-1-1　T-8-1 实施条件

项　目	基 本 实 施 条 件
场地	储能电池实训室
仪器设备	行星真空搅拌机（150 mL）4 台、电子天平 2 台
材料、试剂、工具、人员	《（正）极配料表》、LiFePO$_4$、黏结剂 PVDF、导电碳黑、NMP 溶剂、手套、防尘口罩、剪刀、玻璃棒、烧杯、不锈钢勺、不锈钢托盘、纸巾、无尘抹布等
测评专家	至少配备 1 名考评员，考评员要求有 3 年以上从事材料专业领域相关的工作经历或实训指导经历

（3）考核时量

120 分钟。

（4）评价标准

表 8-1-2　T-8-1 评价标准

评价内容及评分		评 分 标 准	得分
操作规范（80分）	作业前准备（15分）	1. 检查所有仪表、设备和附属设备（2分）； 2. 检查水、电、管道等（3分）； 3. 检查所有开关、相关系统（2分）； 4. 检查物料到位情况（3分）； 5. 佩戴好手套、口罩等劳保用品（5分）	
	胶液配制操作（25分）	1. 取下搅拌罐，称取大约 50.0 克 NMP 加入搅拌罐中（5分）； 2. 称取大约 1.5 克 PVDF 黏结剂加入搅拌罐中，加料时避免将 PVDF 粉末黏到搅拌罐罐口上（5分）； 3. 装上搅拌罐和搅拌桨，450 r/min 下搅拌 20 分钟（5分）； 4. 取下搅拌罐和搅拌桨，刮边（5分）； 5. 装上搅拌罐和搅拌桨，250 r/min 下真空搅拌 5 分钟，确保浆液表面无气泡、无粉末状凝絮，搅拌结束制得 PVDF 胶液（5分）； 备注：物料加入量和搅拌机工艺参数见现场《（正）极配料表》	

续表8-1-2

评价内容及评分		评 分 标 准	得分
操作规范 （80分）	浆料配制 操作 （25分）	1. 取下搅拌罐，称取大约46.0克LiFePO₄粉末加入PVDF胶液中（5分）； 2. 先用玻璃棒搅拌物料3分钟左右，装上搅拌罐和搅拌桨，在450 r/min下搅拌20分钟（5分）； 3. 取出搅拌罐和搅拌桨，加入大约2.5克导电碳黑，在450 r/min下继续搅拌10分钟（5分）； 4. 取下搅拌罐和搅拌桨，刮边（5分）； 5. 装上搅拌罐和搅拌桨，在250 r/min下真空搅拌5分钟，制得LiFePO₄正极浆料，观察浆料状态，确保浆料无气泡产生，如有上述异常，降低搅拌机转速慢搅10 min（5分）； 备注：物料加入量和搅拌机工艺参数见现场《（正）极配料表》	
	浆料过筛 操作 （15分）	1. 将不锈钢勺、150目筛网分别放入指定烧杯，（5分）； 2. 玻璃棒引流浆料过筛网流入指定烧杯中（5分）； 3. 观察浆料色泽和过筛网流速，擦干玻璃棒（5分）	
职业素养 （20分）		1. 着装符合实训室要求（实训服，严禁穿拖鞋）（5分）； 2. 执行6S要求，保持操作环境整齐、清洁，包括仪器设备、实验材料以及台面整理（5分）； 3. 严格遵守实训室安全操作规范，正确使用仪器（5分）； 4. 具有良好的职业素养，文明礼貌，服从安排（5分）	
安全文明 否决		造成人身、设备重大事故，或恶意顶撞考官、严重扰乱考场秩序的，立即终止考试，此题计0分	
总分			

表 8-1-3　T-8-1《（正）极配料表》（参考）

过程	物料名称	物料规格	投料量 /g	搅拌速度 /(r·min⁻¹)	搅拌时间 /min	真空时间 /min	过程要求 及备注	
制胶	NMP	分析纯	50.0	0	0	0	加NMP	操作员
	PVDF	电池级	1.5	0	0	0	加PVDF	
				450	20	0	搅拌	
				0	0	0	刮壁	
				250	5	5	真空搅拌	

续表8-1-3

过程	物料名称	物料规格	投料量 /g	搅拌速度 /(r·min⁻¹)	搅拌时间 /min	真空时间 /min	过程要求 及备注	
制胶	NMP	分析纯	50.0	0	0	0	加 NMP	操作员
	PVDF	电池级	1.5	0	0	0	加 PVDF	
				450	20	0	搅拌	
				0	0	0	刮壁	
				250	5	5	真空搅拌	
配料	LiFePO₄	电池级	46.0	0	0	0	加 LiFePO₄	操作员
				0	0	0	玻棒搅拌	
				450	20	0	搅拌	
	导电碳黑	电池级	2.5	0	0	0	加导电碳黑	
				450	10	0	搅拌	
				0	0	0	刮壁	
				250	5	5	真空搅拌	

2. 试题编号：T-8-2 LiFePO$_4$ 扣式电池正极制片操作

考核技能点编号：J-8-2

(1) 任务描述

某新能源企业储能电池材料检测中心，需要制备 LiFePO$_4$ 扣式电池正极制片，正极浆料已经配制完毕，要求使用行星真空搅拌机、平板涂覆机、电动对辊机、冲片机等设备，制备出合格的正极极片。

(2) 实施条件

表 8-2-1　T-8-2 实施条件

项　目	基 本 实 施 条 件
场地	储能材料与电池分析检测实训室
仪器设备	真空干燥箱、电子天平、平板涂覆机、电动对辊机、冲片机
材料、试剂、工具、人员	无尘布、无水乙醇、称量纸、药匙、100 mL 烧杯、滴管、橡胶手套、口罩、绝缘镊子、玻璃搅拌棒、小刀
测评专家	至少配备 1 名考评员，考评员要求有 3 年以上从事储能材料及电池专业领域相关的工作经历或实训指导经历

(3) 考核时量

90 分钟。

(4) 评价标准

表 8-2-2 T-8-2 评价标准

评价内容及评分		评 分 标 准	得分
操作规范 (80分)	作业前准备 (10分)	1. 检查所有材料与试剂(5分); 2. 检查所有工具、设备仪器(5分)	
	涂布 (30分)	1. 检查涂布机设备电源连接是否正常,开启设备(5分); 2. 裁剪长度在 150~250 mm,宽度在 100~150 mm、厚度为 20 μm 的铝箔,平铺在真空板上,使用无水乙醇和无尘布清洗铝箔表面灰尘与污渍(5分); 3. 将准备好的正极浆料滴适量在靠近刮刀一侧中部,确保浆料在刮刀刮过后不溢出铝箔边缘(5分); 4. 调整涂布机刮刀间隙、涂布速度、加热功率等参数(5分); 5. 设备运行,完成涂布和干燥操作(5分); 6. 用千分尺测量极片中部区域厚度,若厚度在 100~150 μm 之间,则涂布完成,否则,重复 2~6 步的操作,直至涂布达标(5分)	
	辊压 (25分)	1. 检查对辊机设备电源连接是否正常,开启设备(2分); 2. 调整对辊机辊缝间距等参数(3分); 3. 剪切待测正极极片的长度和宽度,确保宽度不超过辊压最大宽度(5分); 4. 测量待测正极极片的厚度,将涂布合格的正极极片放置于辊压进料口(5分); 5. 出料后测量辊压后的正极极片厚度,若辊压后极片厚度-辊压前极片厚度≥15 μm,停止辊压,否则重新调整辊压参数,继续往复辊压直至达标(5分); 6. 辊压完毕后,关闭设备电源(5分)	
	冲片 (15分)	1. 正确根据正极片冲切模具,安装到冲片机上(5分); 2. 将辊压后的极片用剪刀分切成细条状,分切后极片宽度确保能够冲切出完整小圆片;极片用 A4 纸张分切成细条状,将极片包裹后放入冲片机进行冲切(5分); 3. 将冲切后的正极小圆片取出,选取掉料较少的小圆片称取重量并记录重量平均值 m_1,再使用相同的方法冲切 3 个没有涂料的铝箔小圆片进行称量记录平均值 m_2,计算涂覆净重量(m_1-m_2),用样品袋将冲切好的正极小圆片(5分)	
职业素养 (20分)		1. 着装符合实训室要求(实训服,实训帽,严禁穿拖鞋)(5分); 2. 执行 6S 要求,保持操作环境整齐、清洁,包括仪器设备、实验材料以及台面整理(5分); 3. 严格遵守实训室安全操作规范,正确使用仪器(5分); 4. 具有职业素养,文明礼貌,服从安排(5分)	
安全文明 否决		造成人身、设备重大事故,或恶意顶撞考官、严重扰乱考场秩序的,立即终止考试,此题计 0 分	
总分			

3.试题编号：T-8-3 LiFePO$_4$ 扣式电池组装和封装操作

考核技能点编号：J-8-3

（1）任务描述

某新能源企业储能电池材料检测中心，需要制备 LiFePO$_4$ 扣式电池，已准备的材料有：正/负极电池外壳、正/负极极片、垫片、弹片、电解液、隔膜，请根据现场材料、设备和仪器仪表一览，完成扣式电池的组装和封装操作。

（2）实施条件

表 8-3-1　T-8-3 实施条件

项　目	基 本 实 施 条 件
场地	储能材料与电池分析检测实训室
仪器设备	手动封装机 1 台、自动封装机 1 台
材料、试剂、工具、人员	正极/负极电池外壳、正极/极片、垫片、弹片、电解液、隔膜、橡胶手套、绝缘镊子、吸水纸、滴管、纸、笔等
测评专家	至少配备 1 名考评员，考评员要求有 3 年以上从事储能材料及电池专业领域相关的工作经历或实训指导经历

（3）考核时量

120 分钟。

（4）评价标准

表 8-3-2　T-8-3 评价标准

评价内容及评分		评 分 标 准	得分
操作规范（80 分）	作业前准备（10 分）	1. 检查所有材料与试剂(5分)； 2. 检查所有工具、设备仪器(5分)	
	扣电组装操作（30 分）	1. 正确写出扣电组装顺序(5分)； 2. 从正极电池外壳开始，按照正确顺序组装扣式电池(5分)； 3. 从负极电池外壳开始，按照正确顺序组装扣式电池(5分)； 4. 放置隔膜前后分别滴加两滴电解液浸润极片(5分)； 5. 组装完成后，用吸水纸清理扣电表面待用(5分)； 6. 同时进行≥6 枚扣式电池的组装操作(5分)	
	手动封装操作（20 分）	1. 将组装好的扣电放入封装槽中，注意区分正负极(3分)； 2. 启动封装机(手动封装机往下压压杆，自动封装机则踩踏板)，当封装压力达到封装规程要求时，停止施压(3分)； 3. 将扣电从封装机上取出，用吸水纸清理扣电表面(3分)； 4. 观察封装是否紧密，有无漏液现象(3分)； 5. 按 1～4 步操作继续封装剩余扣电(5分)； 6. 将组装好的扣电摆放到指定位置，关闭设备电源(3分)	

续表8-3-2

评价内容及评分		评 分 标 准	得分
操作规范 (80分)	自动封装 操作 (20分)	1.将组装好的扣电放入封装槽中,注意区分正负极(3分); 2.启动自动封装机(3分); 3.将扣电从封装机上取出,用吸水纸清理扣电表面(3分); 4.观察封装是否紧密,有无漏液现象(3分); 5.按1~4步操作继续封装剩余扣电(5分); 6.将组装好的扣电摆放到指定位置,关闭设备电源(3分)	
职业素养 (20分)		1.着装符合实训室要求(实训服,实训帽,严禁穿拖鞋)(5分); 2.执行6S要求,保持操作环境整齐、清洁,包括仪器设备、实验材料以及台面整理(5分); 3.严格遵守实训室安全操作规范,正确使用仪器(5分); 4.具有职业素养,文明礼貌,服从安排(5分)	
安全文明 否决		造成人身、设备重大事故,或恶意顶撞考官、严重扰乱考场秩序的,立即终止考试,此题计0分	
总分			

4. 试题编号:T-8-4 LiFePO$_4$ 正极材料比容量测试操作

考核技能点编号:J-8-4

(1)任务描述

某新能源企业储能电池材料检测中心,需要利用蓝电电池测试系统对已制备好的 LiFePO$_4$ 正极材料制备的扣式电池进行容量测试,进而计算正极材料的比容量;要求正确选取测试通道,启用通道,准确设置测试主参数,按照正确容量测试工步进行测试;测试完成后根据测试数据和提供的重量数据计算 LiFePO$_4$ 正极材料的比容量。

(2)实施条件

表8-4-1 T-8-4实施条件

项 目	基 本 实 施 条 件
场地	储能材料与电池分析检测实训室
仪器设备	蓝电电池测试系统
材料、试剂、工具、人员	LiFePO$_4$ 扣式电池、扣电的极片敷料重量数据 m_0
测评专家	至少配备1名考评员,考评员要求有3年以上从事新能源材料专业领域相关的工作经历或实训指导经历

(3)考核时量

120分钟。

(4)评价标准

表 8-4-2　T-8-4 评价标准

评价内容及评分		评 分 标 准	得分
操作规范 （80分）	作业前准备 （10分）	1. 检查着装是否按照要求穿戴(5分)； 2. 检查试样、设备、工具情况(5分)	
	软件启动 （15分）	1. 启动电脑(5分)； 2. 用鼠标双击桌面的"蓝电监控 LANDMon"快捷图标运行测试软件(5分)； 3. 在打开电池测试系统电源后，确认测试系统是否进行了智能联机，是否正常显示测试通道的实时状态界面(5分)	
	测试工步设置 （15分）	1. 双击"LANDProc"图标，按照现场测试规程编辑测试流程(5分)； 2. 测试流程必须设置保护条件，放置电池过充电或过放电(5分)； 3. 按"姓名+测试名称"命名和保存测试流程(5分)	
	通道选取及测试 （30分）	1. 选取最上层最左侧的空闲通道进行测试，将准备好的 $LiFePO_4$ 扣式电池正确夹在测试夹内，注意区分正负极(5分)； 2. 鼠标点击测试通道的对应在电脑上测试软件上的测试通道，通道外围出现黄色的矩形框，表示该通道被选取(5分)； 3. 鼠标右键点击通道，选择弹出菜单条目"启动"，进入"启动"对话框(5分)； 4. 选取保存的测试流程，启动测试(5分)； 5. 测试开始后，检查通道显示电压和电流是否正常(5分)； 6. 测试完毕后取下电池，记录扣电容量测试数据 Q(5分)	
	比容量计算 （10分）	1. 根据 $LiFePO_4$ 比容量计算公式（比容量 = 容量/敷料重量）计算 $LiFePO_4$ 材料的比容量值，敷料重量由现场提供(5分)； 2. 测试完毕，清理台面，关闭设备电源(5分)。	
职业素养 （20分）		1. 着装符合实训室要求(实训服，实训帽，严禁穿拖鞋)(5分)； 2. 执行 6S 要求，保持操作环境整齐、清洁，包括仪器设备、实验材料以及台面整理(5分)； 3. 严格遵守实训室安全操作规范，正确使用仪器(5分)； 4. 具有职业素养，文明礼貌，服从安排(5分)	
安全文明否决		造成人身、设备重大事故，或恶意顶撞考官、严重扰乱考场秩序的，立即终止考试，此题计 0 分	
总分			

5.试题编号：T-8-5 锂离子电池倍率充电测试操作

考核技能点编号：J-8-5

(1)任务描述

某动力锂离子电池企业的测试中心，按照 GB/T 31486—2015《电动汽车用动力蓄电池电性能要求及试验方法》规定的测试方法进行锂离子电池倍率充电测试操作，请根据现场充放电测试柜、仪器仪表一览，在现场完成倍率充电测试操作。

(2)实施条件

表 8-5-1　T-8-5 实施条件

项　目	基 本 实 施 条 件
场地	储能材料与电池分析检测实训室
仪器设备	充放电测试柜 1 台、蓄电池内阻测试仪 1 台
材料、试剂、工具、人员	软包锂离子电池、测试夹、油笔等
测评专家	至少配备 1 名考评员，考评员要求有 3 年以上从事材料专业领域相关的工作经历或实训指导经历

(3)考核时量

120 分钟。

(4)评价标准

表 8-5-2　T-8-5 评价标准

评价内容及评分		评 分 标 准	得分
操作规范 (80分)	作业前准备 (15分)	1.检查所有仪表、设备和附属设备(5分)； 2.检查电源(5分)； 3.检查所有开关、相关系统(5分)	
	测试操作 (65分)	1.打开设备电源(5分)、检查设备的连接情况(5分)； 2.选择正确的图标打开测试软件(5分)； 3.检查测试软件是否处于正常工作状态，(5分)； 3.上柜。将待测锂离子电池用测试柜自带的测试夹夹住(5分)，并查看电压是否正常显示(5分)； 4.按照 GB/T 31486—2015《电动汽车用动力蓄电池电性能要求及试验方法》规定的室温倍率充电性能测试流程进行测试工步的设置，满分 15 分，每设置错 1 个工步扣 3 分，扣完为止； 5.测试开始后检查电压、电流是否正常显示(5分)； 6.测试状态正常后暂停测试(3分)，将锂离子电池取下(3分)，并关闭测试柜开关(3分)； 7.结果判定：读取测试容量数据(3分)，计算倍率充电后 1C 放电容量与标称容量的比值(2分)，根据 GB/T 31486—2015《电动汽车用动力蓄电池电性能要求及试验方法》相关规定，判断锂离子电池的倍率充电性能能否达到国家标准(1分)	

续表8-5-2

评价内容及评分	评 分 标 准	得分
职业素养 (20分)	1. 着装符合实训室要求(实训服,实训帽,严禁穿拖鞋)(5分); 2. 执行6S要求,保持操作环境整齐、清洁,包括仪器设备、实验材料以及台面整理(5分); 3. 严格遵守实训室安全操作规范,正确使用仪器(5分); 4. 具有职业素养,文明礼貌,服从安排(5分)	
安全文明 否决	造成人身、设备重大事故,或恶意顶撞考官、严重扰乱考场秩序的,立即终止考试,此题计0分	
总分		

6. 试题编号: T-8-6 锂离子电池倍率放电测试操作

考核技能点编号: J-8-6

(1)任务描述

某动力锂离子电池企业的测试中心,按照GB/T 31486—2015《电动汽车用动力蓄电池电性能要求及试验方法》规定的测试方法参数进行锂离子电池倍率放电测试操作,请根据现场充放电测试柜、仪器仪表一览,在现场完成倍率放电测试操作。

(2)实施条件

表8-6-1 T-8-6实施条件

项 目	基 本 实 施 条 件
场地	储能材料与电池分析检测实训室
仪器设备	充放电测试柜1台、蓄电池内阻测试仪1台
材料、试剂、工具、人员	软包锂离子电池、测试夹、油笔等
测评专家	至少配备1名考评员,考评员要求有3年以上从事材料专业领域相关的工作经历或实训指导经历

(3)考核时量

120分钟。

(4)评价标准

表 8-6-2　T-8-6 评价标准

评价内容及评分		评分标准	得分
操作规范 （80分）	作业前准备 （15分）	1. 检查所有仪表、设备和附属设备（5分）； 2. 检查电源（5分）； 3. 检查所有开关、相关系统（5分）	
	测试操作 （65分）	1. 打开设备电源（5分）、检查设备的连接情况（5分）； 2. 选择正确的图标打开测试软件（5分）； 3. 检查测试软件是否处于正常工作状态，（5分）； 3. 上柜。将待测锂离子电池用测试柜自带的测试夹夹住（5分），并查看电压是否正常显示（5分）； 4. 按照 GB/T 31486—2015《电动汽车用动力蓄电池电性能要求及试验方法》规定的室温倍率充电性能测试流程进行测试工步的设置，满分 15 分，每设置错 1 个工步扣 3 分，扣完为止； 5. 测试开始后检查电压、电流是否正常显示（5分）； 6. 测试状态正常后暂停测试（3分），将锂离子电池取下（3分），并关闭测试柜开关（3分）； 7. 结果判定：读取测试容量数据（3分），计算倍率放电容量与标称容量的比值（2分），根据 GB/T 31486—2015《电动汽车用动力蓄电池电性能要求及试验方法》相关规定，判断锂离子电池的倍率放电性能能否达到国家标准（1分）	
职业素养 （20分）		1. 着装符合实训室要求（实训服，实训帽，严禁穿拖鞋）（5分）； 2. 执行 6S 要求，保持操作环境整齐、清洁，包括仪器设备、实验材料以及台面整理（5分）； 3. 严格遵守实训室安全操作规范，正确使用仪器（5分）； 4. 具有职业素养，文明礼貌，服从安排（5分）	
安全文明 否决		造成人身、设备重大事故，或恶意顶撞考官、严重扰乱考场秩序的，立即终止考试，此题计 0 分	
总分			

三、专业拓展技能模块

项目 9　储能电池测试数据处理

1. 试题编号：T-9-1 锂离子电池倍率充电曲线绘制
考核技能点编号：J-9-1

（1）任务描述

某动力锂离子电池企业的测试中心，按照给定的锂离子电池 2C 倍率充电测试数据绘制倍率充电曲线，请根据给定的倍率测试数据，使用电脑及绘图软件，完成倍率充电曲线的绘制。

（2）实施条件

表 9-1-1 T-9-1 实施条件

项 目	基 本 实 施 条 件
场地	储能电池实训室
仪器设备	电脑
材料、试剂、工具、人员	2C 倍率充电测试数据、标准 2C 倍率充电曲线
测评专家	至少配备 1 名考评员，考评员要求有 3 年以上从事材料专业领域相关的工作经历或实训指导经历

（3）考核时量

60 分钟。

（4）评价标准

表 9-1-2 T-9-1 评价标准

评价内容及评分		评 分 标 准	得分
操作规范（80 分）	作业前准备（15 分）	1. 检查所有仪表、设备和附属设备(5分)； 2. 检查电源(5分)； 3. 检查所有开关、相关系统(5分)	
	曲线绘制（65 分）	1. 打开电脑电源、检查设备的连接情况(5分)； 2. 检查电脑是否处于正常工作状态(5分)； 3. 打开测试数据，根据测试工步信息，找到并筛选出 1C 恒流充电数据(5分)和 2C 恒流充电数据(5分)； 4. 整理 1C 恒流恒压充电数据(5分)和 2C 恒流恒压充电数据(5分)，要求必须保留电压、电流、时间、容量四个主要指标； 5. 绘制曲线。使用 excel 软件绘制 1C 恒流充电曲线(5分)和 2C 恒流充电曲线(5分)，并将两条曲线叠加在一个图形中； 6. 美化曲线。对步骤 4 绘制的充电曲线进行美化，外观接近给定的标准曲线(5分)； 7. 识别曲线。正确识别出 1C 恒流充电曲线和 2C 恒流充电曲线(5分)，并口述两条曲线出现差异的原因(5分)； 8. 找到 2C 恒流充电后的放电容量数据，计算 2C 恒流充电后的放电容量与电池额定容量的比值(5分)； 9. 将数据以"姓名+2C 倍率充电曲线"命名保存(5分)	

续表9-1-2

评价内容及评分	评 分 标 准	得分
职业素养 (20分)	1. 着装符合实训室要求(实训服，实训帽，严禁穿拖鞋)(5分)； 2. 执行6S要求，保持操作环境整齐、清洁，包括仪器设备、实验材料以及台面整理(5分)； 3. 严格遵守实训室安全操作规范，正确使用仪器(5分)； 4. 具有职业素养，文明礼貌，服从安排(5分)	
安全文明 否决	造成人身、设备重大事故或恶意顶撞考官、严重扰乱考场秩序的，立即终止考试，此题计0分	
总分		

2. 试题编号：T-9-2 锂离子电池倍率放电曲线绘制

考核技能点编号：J-9-2

(1)任务描述

某动力锂离子电池企业的测试中心，按照给定的锂离子电池3C倍率放电测试数据绘制倍率充电曲线，请根据给定的倍率测试数据，使用电脑及绘图软件，完成倍率充电曲线的绘制。

(2)实施条件

表9-2-1　T-9-2 实施条件

项　目	基 本 实 施 条 件
场地	储能电池实训室
仪器设备	电脑
材料、试剂、工具、人员	3C倍率放电测试数据、标准3C倍率放电曲线
测评专家	至少配备1名考评员，考评员要求有3年以上从事材料专业领域相关的工作经历或实训指导经历

(3)考核时量

60分钟。

(4)评价标准

表 9-2-2　T-9-2 评价标准

评价内容及评分		评 分 标 准	得分
操作规范 (80分)	作业前准备 (15分)	1. 检查所有仪表、设备和附属设备(5分); 2. 检查电源(5分); 3. 检查所有开关、相关系统(5分)	
	测试操作 (65分)	1. 打开电脑电源、检查设备的连接情况(5分); 2. 检查电脑是否处于正常工作状态(5分); 3. 打开测试数据,根据测试工步信息,找到并筛选出 1C 放电测试数据(5分)和 3C 放电测试数(5分); 4. 整理 1C 放电测试数据(5分)和 3C 放电测试数据(5分),要求必须保留电压、电流、时间、容量四个主要指标; 5. 绘制曲线。使用 excel 软件绘制 1C 放电曲线(5分)和 3C 放电曲线(5分),并将两条曲线叠加在一个图形中; 6. 美化曲线。对步骤 4 绘制的充电曲线进行美化,外观接近给定的标准曲线(5分); 7. 识别曲线。正确识别出 1C 放电曲线和 3C 放电曲线(5分),并口述两条曲线出现差异的原因(5分); 8. 计算 3C 倍率放电容量与电池 1C 放电容量的比值(5分); 9. 将数据以"姓名+3C 倍率放电曲线"命名保存(5分)	
职业素养 (20分)		1. 着装符合实训室要求(实训服,实训帽,严禁穿拖鞋)(5分); 2. 执行 6S 要求,保持操作环境整齐、清洁,包括仪器设备、实验材料以及台面整理(5分); 3. 严格遵守实训室安全操作规范,正确使用仪器(5分); 4. 具有职业素养,文明礼貌,服从安排(5分)	
安全文明 否决		造成人身、设备重大事故,或恶意顶撞考官、严重扰乱考场秩序的,立即终止考试,此题计 0 分	
总分			

参考文献

［1］ GB/T 34013—2017. 电动汽车用动力蓄电池产品规格尺寸［S］.

［2］ GB/T 31484—2015. 电动汽车用动力蓄电池循环寿命要求及试验方法［S］.

［3］ GB/T 31485—2015. 电动汽车用动力蓄电池安全要求及试验方法［S］.

［4］ GB/T 31486—2015. 电动汽车用动力蓄电池电性能要求及试验方法［M］. 北京：中国标准出版社，2018

［5］ 胡国荣，杜柯，彭忠东. 锂离子电池正极材料：原理、性能与生产工艺［M］. 北京：化学工业出版社，2017

［6］ 王伟东，仇卫华，丁倩倩等. 锂离子电池三元材料：工艺技术及生产应用［M］. 北京：化学工业出版社，2015

［7］ 杨绍彬. 梁正. 锂离子电池制造工艺原理与应用［M］. 北京：化学工业出版社，2020

［8］ 李世华. 锂离子电池正极材料制造设备大全［M］. 北京：中国建筑工业出版社，2017